T0206402

Wissenschaftliche Reihe Fahrzeugtechnik Universität Stuttgart

Das Institut für Verbrennungsmotoren und Kraftfahrwesen (IVK) an der Universität Stuttgart erforscht, entwickelt, appliziert und erprobt, in enger Zusammenarbeit mit der Industrie, Elemente bzw. Technologien aus dem Bereich moderner Fahrzeugkonzepte. Das Institut gliedert sich in die drei Bereiche Kraftfahrwesen, Fahrzeugantriebe und Kraftfahrzeug-Mechatronik. Aufgabe dieser Bereiche ist die Ausarbeitung des Themengebietes im Prüfstandsbetrieb, in Theorie und Simulation. Schwerpunkte des Kraftfahrwesens sind hierbei die Aerodynamik, Akustik (NVH), Fahrdynamik und Fahrermodellierung, Leichtbau, Sicherheit, Kraftübertragung sowie Energie und Thermomanagement – auch in Verbindung mit hybriden und batterieelektrischen Fahrzeugkonzepten. Der Bereich Fahrzeugantriebe widmet sich den Themen Brennverfahrensentwicklung einschließlich Regelungs- und Steuerungskonzeptionen bei zugleich minimierten Emissionen, komplexe Abgasnachbehandlung, Aufladesysteme und -strategien, Hybridsysteme und Betriebsstrategien sowie mechanisch-akustischen Fragestellungen. Themen der Kraftfahrzeug-Mechatronik sind die Antriebsstrangregelung/Hybride, Elektromobilität, Bordnetz und Energiemanagement, Funktions- und Softwareentwicklung sowie Test und Diagnose. Die Erfüllung dieser Aufgaben wird prüfstandsseitig neben vielem anderen unterstützt durch 19 Motorenprüfstände, zwei Rollenprüfstände, einen 1:1-Fahrsimulator, einen Antriebsstrangprüfstand, einen Thermowindkanal sowie einen 1:1-Aeroakustikwindkanal. Die wissenschaftliche Reihe „Fahrzeugtechnik Universität Stuttgart" präsentiert über die am Institut entstandenen Promotionen die hervorragenden Arbeitsergebnisse der Forschungstätigkeiten am IVK.

Reihe herausgegeben von
Prof. Dr.-Ing. Michael Bargende
Lehrstuhl Fahrzeugantriebe
Institut für Verbrennungsmotoren
und Kraftfahrwesen
Universität Stuttgart
Stuttgart, Deutschland

Prof. Dr.-Ing. Hans-Christian Reuss
Lehrstuhl Kraftfahrzeugmechatronik
Institut für Verbrennungsmotoren
und Kraftfahrwesen
Universität Stuttgart
Stuttgart, Deutschland

Prof. Dr.-Ing. Jochen Wiedemann
Lehrstuhl Kraftfahrwesen
Institut für Verbrennungsmotoren
und Kraftfahrwesen
Universität Stuttgart
Stuttgart, Deutschland

Weitere Bände in der Reihe http://www.springer.com/series/13535

Morris Langwiesner

Konzepte für bestpunktoptimierte Verbrennungsmotoren innerhalb von Hybridantriebssträngen

Morris Langwiesner
Stuttgart, Deutschland

Zugl.: Dissertation Universität Stuttgart, 2018

D93

Wissenschaftliche Reihe Fahrzeugtechnik Universität Stuttgart
ISBN 978-3-658-22892-7 ISBN 978-3-658-22893-4 (eBook)
https://doi.org/10.1007/978-3-658-22893-4

Die Deutsche Nationalbibliothek verzeichnet diese Publikation in der Deutschen Nationalbibliografie; detaillierte bibliografische Daten sind im Internet über http://dnb.d-nb.de abrufbar.

Springer Vieweg

Gedruckt auf säurefreiem und chlorfrei gebleichtem Papier

Springer Vieweg ist ein Imprint der eingetragenen Gesellschaft Springer Fachmedien Wiesbaden GmbH und ist ein Teil von Springer Nature
Die Anschrift der Gesellschaft ist: Abraham-Lincoln-Str. 46, 65189 Wiesbaden, Germany

Vorwort

Die vorliegende Dissertation entstand in der Vorentwicklung der Daimler AG in Stuttgart und wurde durch Herrn Prof. Dr.-Ing. Michael Bargende vom Institut für Verbrennungsmotoren und Kraftfahrwesen der Universität Stuttgart betreut.

Mein besonderer Dank gilt Herrn Prof. Dr.-Ing. Michael Bargende für das Ermöglichen und die Unterstützung dieser Arbeit sowie die Übernahme des Hauptreferates.

Herrn Prof. Dr.-Ing. Hermann Rottengruber danke ich für das entgegengebrachte Interesse an dieser Arbeit und die Übernahme des Koreferates.

Herzlich bedanken möchte mich bei Herrn Dr.-Ing. Christian Krüger für die wissenschaftliche Betreuung und bei Herrn Dr.-Ing. Rüdiger Steiner, der als Abteilungsleiter meine Arbeit stets gefördert hat. Herrn Sebastian Donath danke ich für die hervorragende Einarbeitung und die fachliche Unterstützung. Ebenfalls bedanken möchte ich mich hiermit bei den zahlreichen Kollegen und Studenten, die zum Gelingen dieser Arbeit beigetragen haben.

Eine ganz besondere Anerkennung gilt meiner Mutter Shirley, die mich stets gefördert und zum Erreichen meiner Ziele unterstützt hat.

Zuletzt möchte ich mich bei meiner lieben Freundin Sabrina für ihre entgegengebrachte Unterstützung und Geduld während der Anfertigung dieser Arbeit bedanken.

Stuttgart Morris Langwiesner

Inhaltsverzeichnis

Abbildungsverzeichnis

Tabellenverzeichnis

Abbildungsverzeichnis

AGR	Abgasrückführung
AK	Auslasskanal
APR	Arbeitsprozessrechnung
AS	Auslass-Schließt
ATL	Abgasturbolader
ATS	Antriebsstrang
AVT	Active Valve Train
AÖ	Auslass-Öffnet
BP	Betriebspunkt
BS	Betriebsstrategie
CFD	Computational Fluid Dynamics
DEP	Drehmoment-Eckpunkt
DoE	Design of Experiments
DVA	Druckverlaufsanalyse
E10	Benzin mit einem Ethanolanteil von 10 %
EBV	Ersatzbrennverlauf
ECR	Expansion Compression Ratio
EHD-MKS	elasto-hydrodynamisch gekoppelte Mehrkörpersysteme
EK	Einlasskanal
EM	E-Maschine
ES	Einlass-Schließt
EW	Exzenterwelle
EXLink	Extended Expansion Linkage Engine
EZ	Expansionszylinder
EZA	Einzylinderaggregat
EÖ	Einlass-Öffnet
FES	früher Einlassschluss
FES100	FES-Ventilhubprofil mit 100 °KW-Öffnungsdauer
FES105	FES-Ventilhubprofil mit 105 °KW-Öffnungsdauer

FES50	FES-Ventilhubprofil mit 50 °KW-Öffnungsdauer
FVV	Forschungsvereinigung Verbrennungskraftmaschinen
H50	Verbrennungsschwerpunkt
HD	Hochdruck
KT	Kurbeltrieb
KW	Kurbelwelle, Kurbelwinkel
LET	Low-End-Torque
LW	Ladungswechsel
LWOT	Ladungswechsel-OT
MBVT	Mercedes-Benz Verbrauchstest
MgO	Magnesiumoxid
NEFZ	Neuer Europäischer Fahrzyklus
NiCr-Ni	Nickel/Chrom-Nickel
NVH	Noise Vibration Harshness
OT	Oberer Totpunkt
OTE	Oberflächenthermoelement
OTM	Oberflächentemperaturmethode
SES	später Einlassschluss
SOC	State of Charge
TKE	turbulente kinetische Energie
TPA	Three Pressure Analysis
TU	Technische Universität
unvollk.	unvollkommen
UT	Unterer Totpunkt
VÖD	Ventilöffnungsdauer
VM	Verbrennungsmotor
VZ	Verbrennungszylinder

WÜK	Wärmeübergangskoeffizient
WLTP	Worldwide Harmonized Light-Duty Test Procedure
WSD	Wärmestromdichte
ZOT	Zünd-OT
ZZP	Zündzeitpunkt

Symbolverzeichnis

	Griechische Buchstaben	
α	Wärmeübergangskoeffizient	$W/m^2/K$
γ	Miller-Verhältnis	-
Δ	Differenz, Delta	-
ε	Dissipation	m^2/s^3
ε	Dissipationskonstante	-
ε	Verdichtungsverhältnis	-
η	Wirkungsgrad	-
η	Dynamische Viskosität	$kg/m/s$
η_g	Gütegrad	-
κ	Isentropenkoeffizient	-
λ	Luftverhältnis	-
ν	kinematische Viskosität	$kg/m/s$
ξ_r	Restgaskoeffizient	-
ρ	Dichte	kg/m^3
τ	charakteristische Zeit	s
φ	Kurbelwinkel	°KW
χ_T	Taylor-Vorfaktor	-
ψ	Druckverhältnis	-
ω	Winkelgeschwindigkeit	s^{-1}

	Indizes
A	Auslass
a	axial
B	Brenn(-stoff)
Br	Brennraum
D	Dichteänderung
E	Einlass
E	Expansion
e	effektiv
eff	effektiv
EV	Einlassventil
EZ	Expansionszylinder

F	Flamme
Fst	Feuersteg
Fzg	Fahrzeug
g	Gas
ges	gesamt
H	Hubraum des Motors
h	Hub
HD	Hochdruck
i	indiziert
K	Kompression
Klopf	Klopfen
Ko	Kolben
KT	Kurbeltrieb
KW	Kurbelwinkel
L	Leckage
Lb	Laufbuchse
LW	Ladungswechsel
m	mittlere, mittlerer
mod	modifiziert
mr	Reibmittel
Mu	Mulde
P	Piston
pr	Produktion
q	Quetsch
R	Restgas
r	radial
r	Reibung
Steig	Steigung
T	Tumble
t	technisch
th	thermisch
uv	unverbrannt
V	Ventil
v	verbrannt
v	Vergleichsprozess
VB	Verbrennungsbeginn
VD	Verbrennungsdauer
Verd	Verdichter

VL	Verbrennungslage	
vollk	vollkommen	
VZ	Verbrennungszylinder	
W	Wärme	
w	Wand	
WG	Wastegate	
ZK	Zylinderkopf	
Zyl	Zylinder	
ZZP	Zündzeitpunkt	

	Lateinische Buchstaben	
A	Oberfläche	m^2
A_i	Fourier-Koeffizient	-
a	Temperaturleitfähigkeit	m^2/s
a_{Fzg}	Fahrzeugbeschleunigung	m/s^2
B_i	Fourier-Koeffizient	-
b	Wärmeeindringzahl	$J/(m^2 s^{\frac{1}{2}} K)$
b_e	effektiver spezifischer Kraftstoffverbrauch	g/kWh
b_i	indizierter spezifischer Kraftstoffverbrauch	g/kWh
b_{Fst}	Feuerstegbreite	m
c	spezifische Wärmekapazität	J/kg/K
C	Konstante	-
C_u	Turbulenzabstimmungsparameter	-
c_k	momentane Kolbengeschwindigkeit	m/s
c_m	mittlere Kolbengeschwindigkeit	m/s
d	charakteristische Länge	-
d	Durchmesser	m
H	Enthalpie	J
H_u	unterer Heizwert	MJ/kg
h	Höhe/Hub	m
h	spezifische Enthalpie	J/kg
I_K	Klopfintegralwert	-
K	Dichteverhältnis	-
k	turbulente kinetische Energie	m^2/s^2
L_{min}	stöchiometrischer Luftbedarf	-
l	integrales Längenmaß	m
l_T	Taylor-Länge	m
M_d	Drehmoment	Nm

m	Exponent	-
m	Masse	kg
m	Vibe-Formfaktor	-
n	Exponent	-
n	Drehzahl	min^{-1}
P	Leistung	W
p	Druck	bar
Q	Wärme	J
$\dot{Q}$	Wärmestrom	W
$\dot{q}$	Wärmestromdichte	W/m^2
R	Universelle Gaskonstante	J/kg/K
s_{Mu}	Muldentiefe	m
s_L	laminare Brenngeschwindigkeit	m/s
T	Temperatur	K
t	Zeit	s
U	innere Energie	J
u	Luftgehalt	-
u	spezifische innere Energie	J/kg
u'	turbulente Schwankungsgeschwindigkeit	m/s
u_E	Eindringgeschwindigkeit	m/s
u_v	skalierte Verbrennungskonvektion	m/s
V	Volumen	m^3
v	spezifisches Volumen	m^3/kg
v_{Fzg}	Fahrzeuggeschwindigkeit	m/s
W	Arbeit	J
w	charakteristische Geschwindigkeit	m/s
X	Normierte Durchbrennfunktion	-
x	relativ verbrannte Masse	-
x_{AGR}	Restgasgehalt durch externe AGR	-
x_{Res}	Restgasgehalt gesamt	-
y	relativ verbranntes Volumen	-

Kurzfassung

Die vorliegende Arbeit beschreibt ottomotorische Konzepte, die für den Einsatz innerhalb von Hybridantriebssträngen ausgelegt werden. Mittels 0D-/1D-Simulation werden drei Motorkonzepte mit verlängerter Expansion untersucht, durch deren alternative Prozessführung bei gleichbleibendem Verdichtungsverhältnis eine deutliche Steigerung des Expansionsverhältnisses und infolgedessen eine Steigerung des Motorwirkungsgrades erreicht wird.

Die Konzepte werden von konventionellen aufgeladenen Vierzylindermotoren abgeleitet. Das Atkinson-Konzept verfügt über einen Multilink-Kurbeltrieb, um eine asymmetrische Kolbenbewegung herbeizuführen. Es wird gegenüber dem Basismotor der Ansaug- und Verdichtungshub verkürzt und der Expansions- und Ausschiebehub verlängert. Dadurch ergibt sich ein hohes Expansionsverhältnis von 14.2 bei einem moderaten Verdichtungsverhältnis von 10.5. Das Miller-Konzept verwendet eine Ventiltriebsstrategie mit frühem Einlassschluss in Kombination mit einem großen Hub-/Bohrungsverhältnis. Das geometrische Verdichtungsverhältnis wird auf einen Wert von 14.2 erhöht. Durch die Miller-Strategie wird das in der Kompressionsphase thermodynamisch wirksame Verdichtungsverhältnis wiederum auf einen Wert von 10.5 gesenkt, sodass es nicht zum Klopfen kommt. Somit wird ein dem Atkinson-Konzept äquivalenter Prozess mit verlängerter Expansion erreicht. Bei dem 5-Takt-Konzept werden die zwei innen liegenden Zylinder durch einen großen Expansionszylinder ersetzt. Die außen liegenden Verbrennungszylinder schieben alternierend nach Abschluss des Expansionstaktes die verbrannte Ladung in den Expansionszylinder. Während des Überschiebens findet eine Nachexpansion im Expansionszylinder statt, womit die Expansionsphase verlängert wird. Bei diesem Verfahren wird basierend auf einem Verdichtungsverhältnis von 10.5 ein Expansionsverhältnis mit einem Wert von 24.5 erzielt.

In der Simulation werden alle konzeptspezifischen Effekte berücksichtigt, die einen Einfluss auf den Kraftstoffverbrauch haben. In diesem Zusammenhang wird für die Konzepte Atkinson und Miller ein quasidimensionales Verbrennungsmodell in Kombination mit einem quasidimensionalen Ladungsbewegungs- und Turbulenzmodell verwendet. Die Verbrennungsschwerpunktlagen werden im Hochlastbereich mit Hilfe eines Klopfmodells eingestellt. Speziell für Atkinson-Motoren spielt die Wahl eines geeigneten Wandwärmemodells eine entscheidende Rolle. Durch ein Validierungsexperiment wird gezeigt, dass das Modell nach Bargende auch für Atkinson-Motoren gültig ist. Die konzeptspezifische Motorreibung wird durch Korrekturfaktoren berücksichtigt, die mit Hilfe von Tribologiesimulationen bestimmt wurden. Für die Simulation des 5-Takt-Konzepts werden einfache Modellansätze gewählt.

Zur Bewertung der Konzepte wird die Methode der Verlustteilung angewendet. Die Konzepte werden dabei bezüglich der ermittelten Einzelverlustanteile miteinander verglichen. Aus der Verlustteilung gehen bei allen Konzepten erhöhte Verluste durch Motorreibung und Wandwärme hervor. Das Atkinson-Konzept weist bei hohen Lasten eine erhöhte Klopfneigung auf. Dennoch wird ein sehr niedriger Verbrauch bei Nennleistung erreicht. Demgegenüber weist das Miller-Konzept aufgrund erhöhter Ladungswechselverluste Nachteile im oberen Drehzahlbereich auf. Dies ist auf einen im Mittel kleineren Ventilhub zurückzuführen. Bei dem 5-Takt-Konzept treten aufgrund des großen Ausschiebehubvolumens hohe Ladungswechselverluste auf. Darüber hinaus treten durch das Überschieben der Ladung Überströmverluste von ähnlicher Größenordnung wie die Ladungwechselverluste auf. Durch diesen konzeptbedingten Nachteil ist der Bestpunktwirkungsgrad nur geringfügig höher als bei den anderen Konzepten, obwohl das Expansionsverhältnis deutlich größer ist. Im Bestpunkt erreichen alle Konzepte effektive Wirkungsgrade von über 40 %.

Die simulierten Verbrauchskennfelder werden anschließend in einer Simulation von hybriden Antriebssträngen verwendet. Es werden ein Mild-Hybrid mit P2- und ein Plug-In-Hybrid mit P2/4-Topologie betrachtet. Zur Ermittlung des Kraftstoffverbrauchs wird der WLTP-Zyklus zugrunde gelegt. Die Konzepte Miller und Atkinson weisen innerhalb des Mild-Hybriden relative Verbrauchsvorteile von 4.6 % bzw. 5 % gegenüber einem konventionellen Basismotor auf. Das 5-Takt-Konzept wird nur innerhalb des Plug-In-Hybriden, jedoch zusammen mit den anderen Konzepten betrachtet. Hier steigen die Verbrauchsvorteile der Konzepte auf 5.5 – 7.6 % gegenüber einem konventionellen Basismotor. Der Einfluss der Hybridtopologie auf die Nutzung des Bestpunktbereiches wird durch Verlustanalysen im Fahrzyklus verdeutlicht. Hieraus wird ersichtlich, dass mit der P2/4-Topologie eine Steigerung des mittleren effektiven Motorwirkungsgrades im Fahrzyklus stattfindet. Dies ist auf den z. T. seriellen Betrieb des Verbrennungsmotors zurückzuführen.

Abstract

This work describes Otto engine concepts designed for the use within hybrid powertrains. By utilizing 0D/1D-simulations, three Extended Expansion engine concepts are investigated. With this alternative process, a significant increase in the expansion ratio is achieved while retaining the compression ratio, resulting in an increase in engine efficiency.

The concepts are being derived from conventional turbocharged four-cylinder engines. The Atkinson concept has a Multi-Link cranktrain to provide an asymmetric piston motion. Compared to the basic engine, the intake and compression stroke is shortened and the expansion and extension stroke is extended. This results in a high expansion ratio of 14.2 at a moderate compression ratio of 10.5. The Miller concept uses a valve train strategy with early inlet closure combined with a high stroke/bore ratio. The geometric compression ratio is increased to a value of 14.2. The Miller strategy reduces the thermodynamically effective compression ratio to a value of 10.5 in the compression phase, so that knocking is prevented. This achieves an extended expansion process equivalent to the Atkinson concept. In the 5-stroke concept, the two inner cylinders are replaced by a large expansion cylinder. The outlying combustion cylinders alternately push the burnt charge into the expansion cylinder after completion of the expansion stroke. During the push-over phase, a post-expansion takes place in the expansion cylinder, thus extending the expansion phase. Based on a compression ratio of 10.5, this method achieves an expansion ratio of 24.5.

All concept-specific effects that influence fuel consumption are taken into account in the simulation. In this context, the concepts Atkinson and Miller are simulated with a quasdimensional combustion model coupled with a quasidimensional charge motion and turbulence model. The center of combustion is determined by the use of a knock model. For Atkinson engines in particular, the choice of a suitable heat transfer model is crucial. A validation experiment shows that the model according to Bargende is also valid for Atkinson engines. The concept-specific engine friction is taken into account by correction factors, which were determined with the help of tribology simulations. For the simulation of the 5-stroke concept, simple model approaches are chosen.

For the evaluation of the concepts, the loss analysis method is used. The concepts are compared to each other in terms of the calculated loss percentages. In all concepts, the loss analysis reveals increased losses due to engine friction and wall heat transfer. The Atkinson concept has an increased knock tendency at high loads. Nevertheless, a very good fuel consumption is achieved at its rated power. In contrast, the Miller concept has disadvantages in the upper engine speed range due to increased pumping losses. This is caused by the reduced average valve lift. In the 5-stroke concept, pumping losses occur due to the large exhaust stroke volume. In addition, pushing over the charge causes overflow losses of similar magnitude as the pumping losses. As a result of this conceptual disadvantage, the efficiency in the sweet spot is only marginally higher than in the other concepts, although the expansion ratio is significantly higher. In the sweet spot, all concepts achieve efficiencies of more than 40 %.

The simulated fuel consumption maps are subsequently used in a simulation of hybrid powertrains. A Mild Hybrid with P2 and a Plug-In Hybrid with P2/4 topology are examined. The calculation of fuel consumption is based on the WLTP cycle. Within the Mild Hybrid, the concepts Miller and Atkinson have relative advantages in fuel consumption of 4.6 % and 5 % respectively compared to a conventional base engine. The 5-stroke concept is only considered within the Plug-In Hybrid, along with the other concepts. In this powertrain, the concept's advantages in terms of fuel consumption increase to 5.5 - 7.6 % compared to a conventional base engine. The influence of the hybrid topology on the utilization of the engine's sweet spot range is illustrated by loss analyses in the driving cycle. This shows that the P2/4 topology increases the mean effective engine efficiency during the driving cycle. This is a result of the temporarily serial operation of the combustion engine.

1 Einleitung

1.1 Motivation

Ressourcenknappheit und steigende Kraftstoffpreise, gesetzliche Regularien sowie ein steigendes Umweltbewusstsein der Kunden sind einige Gründe, weshalb die Senkung des Kraftstoffverbrauchs heute eines der wichtigsten Entwicklungsziele von Kraftfahrzeugen darstellt. Zur Senkung des Verbrauchs existieren nach [30] drei Möglichkeiten: Erstens das Absenken des Leistungsbedarfs durch verringerte Fahrwiderstände, zweitens der Einsatz von Getriebestrategien und drittens die Steigerung des effektiven Motorwirkungsgrades. Letztere stellt das Kernthema der vorliegenden Arbeit dar. Dabei wird ausschließlich die ottomotorische Verbrennung betrachtet.

Zur Verbrauchssenkung hat sich im letzten Jahrzehnt das *Downsizing* als Maßnahme durchgesetzt. Dabei wird das Hubvolumen reduziert, um die motorischen Betriebspunkte im Fahrzyklus in einen Bereich höherer Wirkungsgrade zu verschieben. Zum Erhalt der Motorleistung wird der Mitteldruck durch ein Aufladesystem gesteigert. Allerdings nimmt dadurch die Klopfempfindlichkeit zu, sodass Downsizing-Motoren ein niedrigeres Verdichtungsverhältnis als Saugmotoren aufweisen. Im Sinne eines hohen thermischen Wirkungsgrades ist jedoch ein hohes Verdichtungsverhältnis erforderlich. Demzufolge ergibt sich durch das Downsizing bei hohen Mitteldrücken ein Verbrauchsnachteil gegenüber leistungsgleichen Saugmotoren [111]. Unter diesem Gesichtspunkt wird nach [15, 29] eine weitere Reduktion des Hubvolumens für zukünftige Motorkonzepte als nicht sinnvoll angesehen. Um den wachsenden Anforderungen an Kraftfahrzeugantriebe hinsichtlich Effizienz und Emissionen gerecht zu werden, ist die Elektrifizierung des Antriebsstrangs notwendig. Ein wichtiger Meilenstein auf dem Weg zu einer emissionsfreien Mobilität ist der Hybridantriebsstrang.

Die Anforderungen an Verbrennungsmotoren innerhalb von Hybridantriebssträngen unterscheiden sich von den Anforderungen bei konventionellen Antriebssträngen. Eine Chance ist der Ersatz von Niedriglast-Betriebspunkten durch den Einsatz rekuperierter Energie. Bei Plug-In-Hybriden ergeben sich z. B. durch das elektrische Boosten weitere Freiheitsgrade für die Konzepti-

M. Langwiesner, *Konzepte für bestpunktoptimierte Verbrennungsmotoren innerhalb von Hybridantriebssträngen*, Wissenschaftliche Reihe Fahrzeugtechnik Universität Stuttgart, https://doi.org/10.1007/978-3-658-22893-4_1

on eines Verbrennungsmotors. Die Bereiche in der unteren Teillast sowie der Drehmomenteckpunkt spielen eine geringere Rolle, da dort durch die Hybridfunktionen *elektrisches Fahren* und *elektrisches Boosten* etwaige Schwächen des Verbrennungsmotors ausgeglichen werden können. Gleichzeitig rückt die Relevanz des Bestpunktbereichs bzw. dessen Optimierung in den Fokus, da dieser Bereich durch einen Hybridantrieb besser ausgenutzt werden kann als in einem konventionellen Antriebsstrang. Die Anforderungen an einen Verbrennungsmotor im Hybridverbund sind schematisch in Abbildung 1.1 dargestellt.

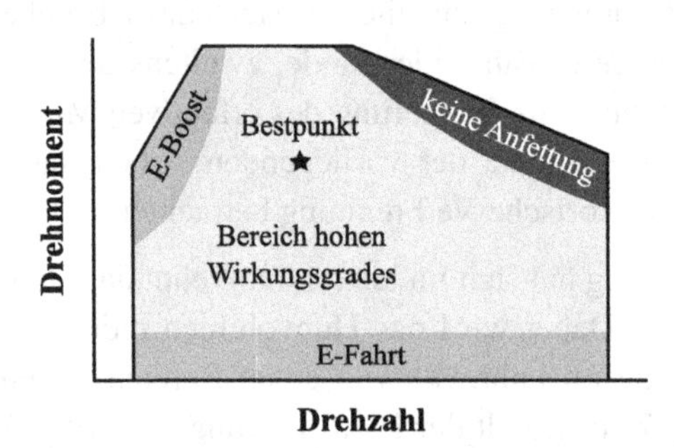

Abbildung 1.1: Anforderungen an einen bestpunktoptimierten Verbrennungsmotor in einem Hybridantriebsstrang

Ein weiterer zu berücksichtigender Aspekt ist das limitierte Bauraumangebot für den Verbrennungsmotor in Hybridfahrzeugen. Um dem Wunsch nach einer möglichst hohen Dauerleistung mit hoher Effizienz gerecht zu werden, sollte im Nennleistungsbereich auf eine Anfettung verzichtet werden.

Um die Zielkonflikte zu lösen, muss die motorische Prozessführung neu überdacht werden. Ein möglicher Lösungsansatz ist das Prinzip der verlängerten Expansion.

1.2 Ziele und Aufbau der Arbeit

Das Ziel der Arbeit ist die simulative Untersuchung von drei verschiedenen Konzepten mit verlängerter Expansion, die sich in der Art ihrer Umsetzung unterscheiden. Es sollen geeignete Methoden zur Modellierung der Vorgänge Verbrennung, Wandwärmeübergang und Motorreibung evaluiert werden. Diese werden in Form von Submodellen innerhalb einer 0D-/1D-Simulationskette verwendet, um belastbare Motorkennfelder vorauszuberechnen. Als Bewertungsmethode kommt eine Verlustteilung zum Einsatz. Darüber hinaus sollen die Motorkonzepte innerhalb von Hybridantriebssträngen in den Fahrzyklen NEFZ, WLTP und MBVT bewertet werden.

In Kapitel 2 werden fundamentale thermodynamische Grundgleichungen, die für das Verständnis dieser Arbeit benötigt werden sowie die verwendete Modellkette und die Bewertungsmethode erläutert. In Kapitel 3 folgen allgemeine Grundlagen zu Hybridantrieben und der Verbrauchssimulation hybrider Antriebsstränge im Fahrzyklus. Kapitel 4 gibt einen Überblick über die jeweilige Umsetzung der verlängerten Expansion in den einzelnen Motorkonzepten, zudem werden die Auslegungskenngrößen vorgestellt. In Kapitel 5 wird die Validierung und/oder Abstimmung der Submodelle für Verbrennung, Klopfen, Wandwärmeübergang und Reibung vorgestellt. In Kapitel 6 werden die auslegungsrelevanten Ergebnisse der Motorprozesssimulation sowie motorische Kenngrößen für Leistung und Verbrauch dargestellt. Im Anschluss folgen Bewertung und Vergleich der Motorkonzepte. Um zu den Verbrauchsvorteilen eine Aussage gegenüber einem konventionellen Motor im Fahrzyklus treffen zu können, werden in Kapitel 7 Ergebnisse aus Gesamtfahrzeugsimulationen aufgeführt. Gegenstand der Untersuchung sind hierbei ein P2-Mild-Hybrid mit 48V-Bordnetz und ein P2/4-Plug-In-Hybrid mit Hochvolttechnologie. Eine Zusammenfassung sowie ein Ausblick in Kapitel 8 runden die Arbeit ab.

2 Grundlagen

2.1 Begriffsdefinitionen

Der Einsatz von Simulationen im Entwicklungsprozess von Kraftfahrzeugen liefert heute, vor allem unter wirtschaftlichen Aspekten, einen wichtigen Beitrag zur Produktentstehung. In der Antriebsstrangentwicklung werden zur Berechnung von Leistung und Effizienz vor allem Längsdynamik-, Strömungs- und Motorprozesssimulationen angewendet.

Der Begriff *Motorprozessrechnung* steht für die Berechnung der thermodynamischen Zustandsänderungen im Zylinder, die sowohl für die Simulation als auch für die Analyse des motorischen Arbeitsprozesses notwendig ist. Zur besseren Verständlichkeit erfolgen zuerst die wichtigsten Begriffsdefinitionen.

Analyse von Verbrennungsmotoren:
Die Analyse dient der Rückrechnung von Kenngrößen eines bestehenden Systems und erlaubt eine quantitative Bewertung des Motorprozesses [40]. Zur Analyse innermotorischer Vorgänge werden auf Motorenprüfständen Indiziermessungen durchgeführt. Dabei wird der Verlauf des Zylinderdrucks mittels piezoelektrischer Drucksensoren erfasst. Der Zustand der Ladung bei Einlassschluss sowie der Verlauf der Verbrennung können nicht direkt gemessen werden [10]. Daher wird mittels einer Druckverlaufsanalyse (DVA) der Brennverlauf aus dem gemessenen Zylinderdruckverlauf berechnet. Der im Zylinder verbliebene Restgasanteil kann mit einer Ladungswechselrechnung bestimmt werden. Dafür werden die Druckverläufe der Saug- und Abgaskanäle aus einer Niederdruckindizierung benötigt.

Simulation von Verbrennungsmotoren:
Die Motorprozesssimulation ist die Vorausberechnung von motorischen Kenngrößen und kann anstelle oder zur Unterstützung von Prüfstandsversuchen eingesetzt werden. In einem Motormodell wird ein Modell des Luftpfades mit einer Motorprozessrechnung kombiniert. Die Randbedingungen im Zylinder bei Einlassschluss werden aus der Ladungswechselsimulation gewonnen. Im Zylinder wird dann unter Vorgabe eines Brennverlaufes der Zylinderdruck simuliert, aus dem wiederum die motorischen Kenngrößen berechnet werden.

M. Langwiesner, *Konzepte für bestpunktoptimierte Verbrennungsmotoren innerhalb von Hybridantriebssträngen*, Wissenschaftliche Reihe Fahrzeugtechnik Universität Stuttgart, https://doi.org/10.1007/978-3-658-22893-4_2

Die Vorwärtsrechnung des motorischen Prozesses wird auch Arbeitsprozessrechnung (APR) genannt.

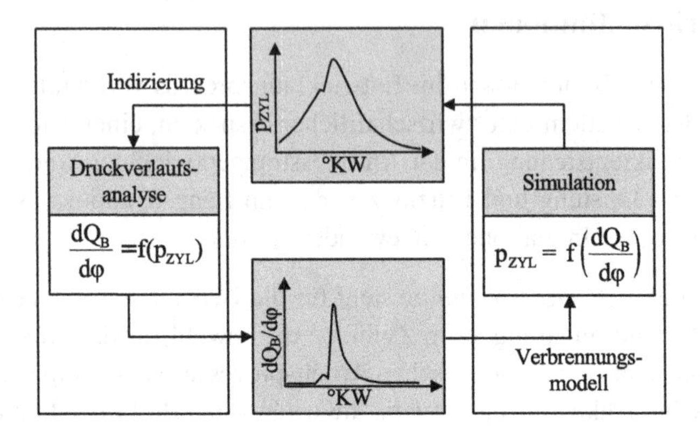

Abbildung 2.1: Druckverlaufsanalyse und Simulation [101]

Der Unterschied von Simulation und Analyse ist generell durch die Richtung der Berechnung gekennzeichnet, wie in Abbildung 2.1 verdeutlicht wird. Die Verknüpfung von Analyse und Simulation ermöglicht es, auf Basis vorhandener Motorkonzepte gezielte Abwandlungen zu simulieren. In dieser Arbeit spielt die Analyse der Verbrennung eine wichtige Rolle bei der Abstimmung eines Brennverlaufsmodells. Zur Abbildung des Einflusses der Zylinderinnenströmung auf die Verbrennung werden im Rahmen der Modellabstimmung zudem Ergebnisse aus 3D-CFD-Simulationen verwendet.

2.2 Modellklassen

Im Bereich der Motorsimulation existieren verschiedene Modellklassen. Entsprechend der berücksichtigten Dimensionen lassen sich Modelle in die übergeordneten Klassen 0D-, 1D-, 3D- und quasidimensionaler Modelle strukturieren. Abhängig von der Dimensionalität ist eine weitere Unterteilung in die Modellklassen der physikalischen, mathematischen, empirischen und phänomenologischen Modelle üblich.

Thermodynamische und strömungsmechanische Vorgänge sind einer physikalischen Beschreibung zuzuordnen. Bei phänomenologischen Modellen wird die Zielgröße ohne eine direkte Formulierung von physikalischen Gesetzen, sondern in Abhängigkeit der übergeordneten physikalischen Phänomene modelliert. Für die Abstimmung sind oftmals Beiwerte notwendig, die durch den Vergleich mit experimentellen Daten ermittelt werden können. Empirische Modelle hingegen basieren auf quantitativen Beziehungen, die rein aus Beobachtungen, in der Regel durch Experimente gewonnen werden. [66, 78]

2.2.1 0D-Modelle

Nulldimensionale Ansätze werden sowohl für die Modellierung des Brennraumes als auch für die Modellierung des Luftpfades angewendet. Eine wesentliche Vereinfachung bei 0D-Modellen ist die Vernachlässigung von lokalen Abhängigkeiten der Zustandsgrößen. Die Berechnung ist somit lediglich von der Zeit abhängig. Bei der nulldimensionalen Modellierung des Luftpfades, auch bekannt als Füll- und Entleermethode, kann durch den fehlenden Bezug zu Lauflängen im Luftpfad der Einfluss der Gasdynamik nicht berücksichtigt werden. Für das Strömungsmodell wird daher der eindimensionalen Methode der Vorzug gegeben.

Im Folgenden wird die nulldimensionale Modellierung des Systems *Brennraum* beschrieben. Die Beschreibung der Verbrennung erfolgt dabei mittels thermodynamischer Modelle. Für die Modellierung ist außerdem die Unterteilung des Systems in Zonen gebräuchlich. Eine Zone ist ein homogener Teilbereich des Systems, in dem die Temperatur und Gaszusammensetzung konstant sind. Jeder Bereich des thermodynamischen Systems muss einer Zone zugeordnet sein. Zonen können örtlich getrennt oder zusammenhängend sein, jedoch dürfen sich Zonen nicht überlagern. Zudem muss die Summe jeder extensiven Zustandsgröße (z.B. Volumen, Masse, innere Energie, etc.) über alle Zonen mit der jeweils entsprechenden Zustandsgröße des Systems übereinstimmen.

Die einfachste Modellvorstellung des Brennraumes ist das Ein-Zonen-Modell. Dabei wird zu jedem Zeitpunkt der gesamte Brennraum als eine ideal durchmischte Zone betrachtet. Über die Zone hinweg sind die Temperatur T und der Druck p konstant. Das von der Verbrennung erfasste Volumen ist proportional zur erfassten Masse. Die ein-zonige Berechnung ist geeignet, solange eine globale energetische Beurteilung erwünscht ist und keine Berücksichtigung verschiedener Temperaturzonen im Brennraum benötigt wird [78].

Bei dem Zwei-Zonen-Modell wird in eine verbrannte Zone mit der Temperatur T_v und eine unverbrannte Zone mit der Temperatur T_{uv} unterschieden. Es herrscht über beide Zonen hinweg zu jedem Zeitpunkt der Systemdruck p.

Beide Zonen sind durch eine infinitesimal dünne Flammenfront voneinander getrennt. Eine Verbindung der Zonen besteht durch einen zur Wärmefreisetzung proportionalen Enthalpiestrom von der unverbrannten in die verbrannte Zone. Die Wärmefreisetzung durch die Verbrennung entsteht nur im Verbrannten. Die zwei-zonige Berechnung ermöglicht die Berechnung realistischerer Temperaturen und ist somit von Vorteil, wenn Aussagen zur Schadstoffentstehung generiert werden sollen [9]. Die höhere Temperatur und damit einhergehend niedrigere Dichte im Verbrannten bewirkt ein schneller anwachsendes Volumen, wodurch das erfasste Volumen im Gegensatz zur ein-zonigen Berechnung nicht mehr proportional zur Masse ist.

2.2.2 1D-Modelle

Die 1D-Simulation eignet sich besonders für die Simulation von Rohrströmungen und ist daher für die Ladungswechselsimulation prädestiniert. Neben der Massen- und Energieerhaltung wird zudem die Impulserhaltung berücksichtigt, weshalb der Berechnungsaufwand gegenüber nulldimensionaler Methoden ansteigt. Die 1D-Ladungswechselsimulation erlaubt im Gegensatz zur Füll- und Entleermethode die Berücksichtigung der Gasdynamik im Ansaug- und Abgassystem. Einflüsse von Druckpulsationen, die wiederum einen drehzahlabhängigen Verlauf des Liefergrades bewirken und die Momentencharakteristik des Motors festlegen [111], können somit berücksichtigt werden.

2.2.3 3D-Modelle

Die 3D-CFD-Simulation ermöglicht unter den Modellklassen die physikalisch genaueste Beschreibung des Geschehens im Zylinder. Die Vorgänge Ladungswechsel, Gemischbildung und Verbrennung können detailliert erfasst werden und miteinander interagieren. Allerdings ist die Auflösung des dreidimensionalen Strömungsfeldes mit einem hohen Berechnungsaufwand verbunden. Trotz steigender Rechnerleistungen und dem Einsatz moderner Rechencluster sind sehr hohe Berechnungsdauern üblich, die einen erheblichen Nachteil beim Einsatz für die Motorprozesssimulation darstellen.

Dennoch leistet die 3D-CFD-Simulation einen erheblichen Mehrwert für die 0D/1D-Simulation. So werden mit Hilfe der 3D-CFD Strömungskennzahlen ermittelt, die wiederum als Vorgabe für die 1D-Simulation benötigt werden. Dabei werden die Kanal- und Zylindergeometrie nachgebildet und ein Druckgefälle an den Rändern angelegt. Ein stationärer Strömungsversuch an einem

Blasprüfstand ist somit hinfällig. Darüber hinaus kann bereits ohne konkrete Hardware eine Aussage über die Qualität eines Kanals getroffen werden [66]. Ein weiterer Anwendungsfall der 3D-CFD-Simulation, der in dieser Arbeit genutzt wird, ist die simulative Bestimmung des ventilhubabhängigen Drehimpulses im Zylinder nach [12].

2.2.4 Quasidimensionale Modelle

Ein quasidimensionales Modell erlaubt die Berücksichtigung von dimensionsbehafteten Größen und Vorgängen im Zylinder ohne Auflösung des dreidimensionalen Strömungsfeldes. Beispiele für quasidimensionale Modelle sind die Modellierung der Ladungsbewegung [12, 13], wobei der Verlauf der Tumbleströmung während des Kompressionstaktes berechnet wird, sowie die Modellierung des Brennverlaufes [33, 78, 103], wobei die Größe der Flammenoberfläche modelliert wird. Durch die Kombination dieser Modelle kann somit der verbrennungsrelevante Einfluss des Strömungsgeschehens simuliert werden, was bei rein nulldimensionaler Simulation nicht möglich ist. Daher bietet diese Modellklasse den besten Kompromiss aus Berechnungsaufwand und Detailtiefe.

2.3 Thermodynamische Grundlagen

Im Allgemeinen stellt der Brennraum ein instationäres offenes System dar, das über die Ventile einen Stofftransport erlaubt und eine zeitliche und örtliche Abhängigkeit aller Größen aufweist (vgl. Abbildung 2.2). In der Hochdruckphase stellt der Brennraum ein geschlossenes System dar, da bei geschlossenen Ventilen kein Austausch von Materie möglich ist.

Die Motorprozessrechnung basiert auf den Erhaltungsgleichungen für Energie und Masse sowie der thermischen Zustandsgleichung, die in einem partiellen Differenzialgleichungssystem aufgestellt werden. Die Vorzeichenkonvention beruht auf der Richtung der Massen- oder Energieströme. Ein in das System eindringender Strom ist als positiv, ein das System verlassender Strom ist als negativ gekennzeichnet.

Der erste Hauptsatz der Thermodynamik beschreibt die Änderung der inneren Energie U durch die über die Systemgrenze transportierten Energieströme bestehend aus technischer Arbeit W_t, Brennstoffwärme Q_B, Wandwärme Q_W,

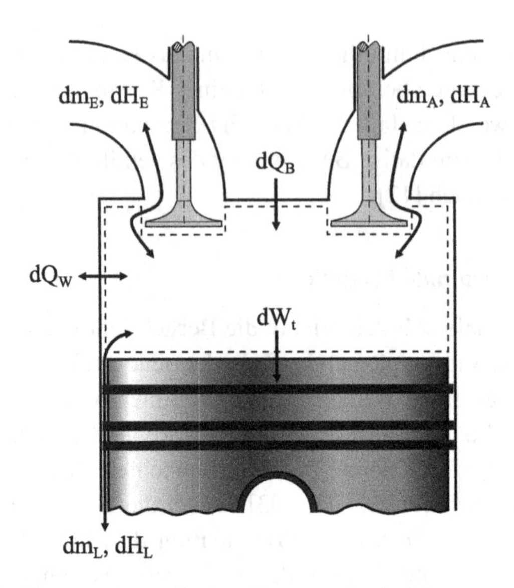

Abbildung 2.2: Thermodynamisches System, in Anlehnung an [25]

Ansaugenthalpie H_E, Abgasenthalpie H_A und Leckageenthalpie H_L. Als Zeitschrittweite ist es üblich den Kurbelwinkel φ zu verwenden:

$$\frac{dW_t}{d\varphi} + \frac{dQ_B}{d\varphi} - \frac{dQ_W}{d\varphi} + \frac{dH_E}{d\varphi} - \frac{dH_A}{d\varphi} - \frac{dH_L}{d\varphi} = \frac{dU}{d\varphi} \qquad \text{Gl. 2.1}$$

Die technische Arbeit entspricht bei innermotorischen Vorgängen der auftretenden Volumenänderungsarbeit:

$$\frac{dW_t}{d\varphi} = -p \cdot \frac{dV}{d\varphi} \qquad \text{Gl. 2.2}$$

Die über die Systemgrenze transportierten Enthalpieströme berechnen sich aus dem Massenstrom $dm/d\varphi$ und der entsprechenden spezifischen Enthalpie h:

$$\frac{dH}{d\varphi} = h \cdot \frac{dm}{d\varphi} \qquad \text{Gl. 2.3}$$

Die spezifische Enthalpie h lässt sich definitionsgemäß mit Hilfe der thermischen Zustandsgleichung $p \cdot v = R \cdot T$ aus der spezifischen inneren Energie u, der entsprechenden Gaskonstanten R sowie der Temperatur T berechnen:

$$h = u + p \cdot v = u + R \cdot T \qquad \text{Gl. 2.4}$$

Sowohl u als auch R weisen eine Abhängigkeit der thermodynamischen Zustandsgrößen p und T sowie der Gemischzusammensetzung λ auf. Die Abhängigkeiten des Druckes p werden als Realgaseffekte bezeichnet, welche nach [80] in den meisten Fällen gering sind. Die kalorischen Stoffwerte des während der Verbrennung entstehenden Rauchgases werden über einen Komponentenansatz ermittelt. Die bekanntesten Ansätze sind die nach Justi [51], Zacharias [120] und deJaegher [18]. Zur Berücksichtigung der kalorischen Eigenschaften des Kraftstoffdampfes von beliebigen Kraftstoffen eignet sich das Kalorikmodell nach Grill [33, 36].

Die Änderung der Masse im System $dm/d\varphi$ beruht auf den über die Ventile transportierten Massenströmen, dem Leckagemassenstrom sowie einer direkt eingespritzten[1] Kraftstoffmasse. Der Massenerhaltungssatz lautet:

$$\frac{dm}{d\varphi} = \frac{dm_E}{d\varphi} - \frac{dm_A}{d\varphi} - \frac{dm_L}{d\varphi} + \frac{dm_B}{d\varphi} \qquad \text{Gl. 2.5}$$

Es gilt für die Änderung der inneren Energie $dU/d\varphi$:

$$\frac{dU}{d\varphi} = m \cdot \frac{du}{d\varphi} + u \cdot \frac{dm}{d\varphi} \qquad \text{Gl. 2.6}$$

Zuletzt wird für die Lösung der Energie- und Massenbilanz die thermische Zustandsgleichung benötigt. Sie lautet in differenzieller Form :

$$p\frac{dV}{d\varphi} + V\frac{dp}{d\varphi} = m \cdot R\frac{dT}{d\varphi} + m \cdot T\frac{dR}{d\varphi} + R \cdot T\frac{dm}{d\varphi} \qquad \text{Gl. 2.7}$$

Somit kann der erste Hauptsatz in folgender Form dargestellt werden:

$$-p \cdot \frac{dV}{d\varphi} + \frac{dQ_B}{d\varphi} - \frac{dQ_W}{d\varphi} + h_E \cdot \frac{m_E}{d\varphi} - h_A \cdot \frac{m_A}{d\varphi} - h_A \cdot \frac{m_L}{d\varphi} = \frac{dU}{d\varphi} \qquad \text{Gl. 2.8}$$

Eine häufig angewandte Vereinfachung ist die Vernachlässigung des Leckagemassenstroms. Die Leckagewerte von heutigen Motoren liegen im Bereich von 0.5 bis 1 % [19].

Der Verlauf der Wärmefreisetzung durch die Verbrennung wird durch den so genannten Brennverlauf $dQ_B/d\varphi$ beschrieben. Die freigesetzte Wärme ist über den Heizwert H_u direkt dem Brennstoffmassenumsatz $dm_B/d\varphi$ proportional:

$$\frac{dQ_B}{d\varphi} = H_u \cdot \frac{dm_B}{d\varphi} \qquad \text{Gl. 2.9}$$

[1] Bei gemischansaugenden Motoren wird die zugeführte Brennstoffmasse in der angesaugten Masse m_E berücksichtigt.

Die Wandwärmeverluste werden durch den Verlauf des gasseitigen Wandwärmeübergangs $dQ_W/d\varphi$ bestimmt. In Prüfstandsversuchen wird diese Größe nur in Ausnahmefällen messtechnisch erfasst, da die experimentelle Bestimmung sehr aufwändig ist. Zur Bestimmung der Wandwärmeverluste werden im Bereich der Motorprozessrechnung aus diesem Grund Berechnungsmodelle zur Bestimmung des Wärmeübergangskoeffizienten verwendet (siehe Kapitel 2.6).

Die Lösung der Differenzialgleichungen, welche die Zustandsänderungen im Zylinder beschreiben, erfordert ein numerisches Lösungsverfahren und die Vorgabe von Startwerten bei Rechenbeginn. Wird die Hochdruck-Prozessrechnung mit einer Ladungswechselsimulation gekoppelt, so werden die Startwerte bei Einlassschluss aus der Ladungswechselsimulation übernommen. Im Falle einer autarken Hochdruck-Prozessrechnung muss bei Vorgabe der Arbeitsgasmasse eine der Größen Druck oder Temperatur geschätzt werden [33]. Daher ist die reine Hochdruck-Prozessrechnung für diese Arbeit nicht praktikabel.

2.4 Modellierung der Verbrennung

Die Modellierung der Verbrennung erfolgt durch die Vorgabe eines Brennverlaufes, durch den der zeitliche Verlauf der Energiefreisetzung im Brennraum festgelegt ist. In der Motorprozesssimulation muss vom Anwendungsfall abhängig entschieden werden, auf welche Weise der Brennverlauf modelliert wird. Die Einteilung der verschiedenen Methoden im Rahmen der null- bzw. quasidimensionalen Modellierung wird im Folgenden vorgenommen.

2.4.1 Vorgabe von Ersatzbrennverläufen

Der Ablauf der Verbrennung kann durch eine parametrierbare mathematische Funktion beschrieben werden. Ein solcher Brennverlauf wird dann als Ersatzbrennverlauf (EBV) bezeichnet. Die Form des EBVs wird durch die Vorgabe von Parametern an den realen Brennverlauf angenähert. Die Ermittlung der empirischen Parameter erfolgt z.B. durch die Methode der kleinsten Fehlerquadrate und ist bei den meisten DVA-Programmen integriert [66]. Falls keine Messdaten vorliegen, muss auf Erfahrungswerte (z.B. Messungen ähnlicher Motoren) zurückgegriffen werden. Ein EBV ist aufgrund seiner Empirie nur in einem kleinen Bereich um seinen Referenzpunkt gültig. Deshalb werden zu jedem Betriebspunkt des Motors separate Parameter benötigt. Aufgrund der rein mathematischen Formulierung des Brennverlaufs ist eine Anpassung an geänderte Randbedingungen nicht gegeben. Das bedeutet, der Verbrennungsablauf bleibt unverändert, auch wenn sich Parameter wie Last, Drehzahl oder der Restgasgehalt ändern, was nicht der Realität entspricht. In der frühen Entwicklungsphase eines Verbrennungsmotors ist der Verlauf der realen Verbrennung eventuell noch unbekannt. Für eine simulative Untersuchung ist dann die Anwendung von Ersatzbrennverläufen praktikabel, um bestimmte Kenngrößen wie Spitzendruck, Motorleistung, Abgastemperatur und Kraftstoffverbrauch in erster Näherung vorauszuberechnen.

Ein weit verbreitetes Modell ist der EBV nach Vibe [112], welcher ausgehend von Dreiecksbrennverläufen 1970 entwickelt wurde. Die Anwendung des Vibe-EBVs hat sich aufgrund seiner Parametrierbarkeit und einfachen Anwendung etabliert [84].

Zur Beschreibung eines Ersatzbrennverlaufs ist nach dem Ansatz von Vibe [112] der Summenbrennverlauf folgendermaßen definiert:

$$\frac{Q_B}{Q_{B,ges}} = 1 - e^{C\cdot\left(\frac{\varphi-\varphi_{VB}}{\Delta\varphi_{VD}}\right)^{m+1)}} \qquad \text{Gl. 2.10}$$

Unter der Annahme, dass bei Verbrennungsende ($\varphi_{VB} + \Delta\varphi_{VD}$) 99.9 % der Brennstoffenergie umgesetzt sind, ergibt sich für den Umsatzparameter C ein Wert von $C = -6.91$. Der Vibe-Brennverlauf ergibt sich durch Differenzierung:

$$\frac{dQ_B}{d\varphi} = \frac{Q_{B,ges}}{\Delta\varphi_{VD}} \cdot 6.91(m+1)\left(\frac{\varphi-\varphi_{VB}}{\Delta\varphi_{VD}}\right)^{m} \cdot e^{-6.91\left(\frac{\varphi-\varphi_{VB}}{\Delta\varphi_{VD}}\right)^{m+1}} \qquad \text{Gl. 2.11}$$

Der reale Brennverlauf wird bei der Vibe-Funktion durch drei Parameter approximiert. Diese sind:

- Verbrennungsbeginn φ_{VB}
- Verbrennungsdauer φ_{VD}
- Formfaktor m

Der Vibe-Brennverlauf kann auch über den Verbrennungsschwerpunkt und die 10-90%-Umsatzdauer bedatet werden. Das kann in vielen Fällen praktikabler sein. Für die dafür erforderlichen Umformungen sei auf [33] verwiesen. Ist eine sehr genaue Anpassung des Ersatzbrennverlaufs an die reale Verbrennung erforderlich, so reicht nach [34] ein einfacher Vibe-Brennverlauf in der Regel nicht aus. Der Einsatz von Mehrfach-Vibe-Verläufen oder empirischen Modellen kann Verbesserungen zeigen, jedoch steigt die Anzahl der Abstimmgrößen erheblich.

2.4.2 Verwendung empirischer Modelle

Empirische Modelle werden mit dem Ziel entwickelt, eine Anpassung von Ersatzbrennverläufen auf geänderte Randbedingungen zu ermöglichen. Genauer gesagt wird eine Änderung der Parameter des Ersatzbrennverlaufs abhängig von Motorbetriebsparametern bestimmt [17, 116]. Da physikalische Einflüsse in der Regel nicht berücksichtigt werden, ist eine Übertragbarkeit auf unterschiedliche Motortypen nicht gewährleistet. Eine Beziehung auf Referenzpunkte ist für ein empirisches Modell unerlässlich [6], da somit die nicht im Modell enthaltenen Randbedingungen, welche das Verhalten der Verbrennung bestimmen, mit einfließen. In dieser Arbeit wird aufgrund der mangelnden phänomenologischen Beziehungen auf die Verwendung von empirischen Modellen verzichtet.

2.4.3 Verwendung phänomenologischer Modelle

Bei einem phänomenologischen Verbrennungsmodell werden die maßgebenden Vorgänge der Verbrennungsphysik und -chemie durch möglichst einfache Gleichungen beschrieben. Die Herausforderung ist das Fehlen der Größen des turbulenten Strömungsfeldes, wie der turbulenten Schwankungsgeschwindigkeit und der damit korrelierenden Längenskalen. Während des Ladungswechsels werden makroskopische Wirbelstrukturen erzeugt, die einen direkten Einfluss auf die Brenngeschwindigkeit haben. Daher müssen diese Längenskalen in Abhängigkeit der Motorparameter formuliert werden. [66]

Zur Berechnung der Wärmefreisetzung wird meist ein Entrainment-Modell[2] verwendet. Der Vorgang der Verbrennung wird dabei in die zwei Teilschritte *Flammenausbreitung* und *Wärmefreisetzung* zerlegt. Zunächst wird das Eindringen der Flamme aufgrund des turbulenten Fortpflanzungsmechanismus in die unverbrannte Zone beschrieben. Im zweiten Teilschritt wird die Wärmefreisetzung modelliert, indem die Masse in der Flammenzone in Abhängigkeit einer charakteristischen Brennzeit umgesetzt wird. [33, 65]

[2] Von engl. *to entrain* („mitreißen"): Modellvorstellung des „Mitreißens" der Frischgemischballen in die turbulente Flammenfront

Ein phänomenologisches Verbrennungsmodell ist in gewisser Weise vorhersagefähig, das heißt es reagiert auf Änderungen des Betriebspunktes (z.B. Drehzahl, Steuerzeiten, Restgasgehalt). Demzufolge eignet sich ein solches Modell für die Vorausberechnung von gesamten Motorbetriebskennfeldern.

2.4.4 Beschreibung des ottomotorischen phänomenologischen Verbrennungsmodells

In dieser Arbeit wird ein quasidimensionales Entrainment-Modell in Anlehnung an [33, 78, 103] verwendet. Bei dieser Modellvorstellung wird die Flammenausbreitung vor allem von dem globalen Strömungsverhalten beeinflusst.

Der Brennraum wird als scheibenförmig angenommen und während der Verbrennung in drei Bereiche unterteilt: Eine Zone für das unverbrannte Arbeitsgas, eine Zone für das verbrannte Abgas sowie eine Flammenfront. Letztere wird im Sinne einer zwei-zonigen Berechnung der unverbrannten Zone zugerechnet. Damit entspricht das quasidimensionale Verbrennungsmodell einer zwei-zonigen Berechnung. Die Flammenausbreitung wird ausgehend von der Zündkerze als hemisphärisch[3] angenommen. Die Lage der Zündkerze wird üblicherweise leicht außermittig gewählt, um die in der Realität auftretende Abweichungen von der perfekt halbkugelförmigen Ausbreitung abzubilden.

In der Modellvorstellung führen im turbulenten Strömungsfeld Wirbel von kleinen Längenskalen eine Krümmung bzw. Auffaltung der Flammenfront herbei, was zu einer vergrößerten Flammenfrontfläche und demzufolge zu einer erhöhten Reaktionsrate führt. Durch das Fortschreiben der Flammenfront werden neue Frischgemischballen erfasst und in die Eindringzone transportiert. Dabei gelangt Masse mit der Eindringgeschwindigkeit u_E in die Flammenzone. Die Eindringgeschwindigkeit ist orthogonal zur Flammenfront.

Ein Zusammenhang für die Eindringgeschwindigkeit lässt sich wie folgt aus der turbulenten Schwankungsgeschwindigkeit u' und der laminaren Flammengeschwindigkeit s_L formulieren:

$$u_E = u' + s_L \qquad \text{Gl. 2.12}$$

Der Eindringmassenstrom ergibt sich demnach mit der Dichte im Unverbrannten ρ_{uv} und der Flammenoberfläche A_F zu:

$$\frac{dm_E}{dt} = \rho_{uv} \cdot A_F \cdot u_E \qquad \text{Gl. 2.13}$$

[3] Eine in alle Raumrichtungen gleichmäßige Ausbreitung.

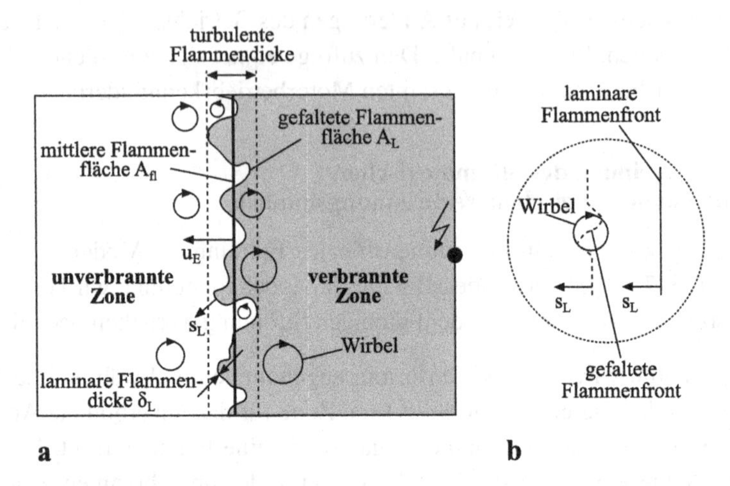

Abbildung 2.3: a: Turbulente Flammenstruktur. b: Faltung einer laminaren Flammenfront durch Wirbel, in Anlehnung an [61]

Der gesuchte Brennverlauf lässt sich aus dem Umsatz der Masse in der Flammenzone m_F und der charakteristischen Brenndauer τ_l berechnen:

$$\frac{dm_v}{dt} = -\frac{dm_{uv}}{dt} = \frac{dQ_B}{d\varphi} \cdot \frac{1}{H_u} \cdot \frac{d\varphi}{dt} = \frac{m_F}{\tau_l} \qquad \text{Gl. 2.14}$$

Die charakteristische Brenndauer τ_l entspricht dem Umsatz eines Turbulenzballens. Nach der Turbulenztheorie [113] kann eine mittlere Turbulenzballengröße als Taylorlänge l_T angegeben werden [33]. Somit berechnet sich die charakteristische Brennzeit τ_l wie folgt:

$$\tau_l = \frac{l_T}{s_L} \qquad \text{Gl. 2.15}$$

Für die laminare Flammengeschwindigkeit existieren verschiedene empirisch ermittelte Berechnungsansätze. Grill [34] beschreibt diese in einer leicht modifizierten Formulierung nach Heywood [42]:

$$s_L = s_{L,0} \cdot \left(\frac{T_{uv}}{298K}\right)^{\alpha} \cdot \left(\frac{p}{10^5 Pa}\right)^{\beta} \cdot (1 - 2.06 \cdot x_{R,st}{}^{\xi_r}) \qquad \text{Gl. 2.16}$$

$$\alpha = 2.18 - 0.8 \cdot \left(\frac{1}{\lambda} - 1\right)$$

$$\beta = -0.16 + 0.22 \cdot \left(\frac{1}{\lambda} - 1\right)$$

$$s_{L,0} = 0.305 - 0.549 \cdot \left(\frac{1}{\lambda} - 1.21\right)^2$$

Die Formulierung der laminaren Flammengeschwindigkeit in dieser Weise ermöglicht die Reaktion des Verbrennungsmodells auf das im Brennraum befindliche Restgas, vorgegeben durch den stöchiometrischen Restgasgehalt $x_{R,st}$. Für die Abstimmung des Verbrennungsmodells kann es notwendig sein, eine Anpassung des Restgaskoeffizienten ξ_r, der nach [33, 34, 35] mit $\xi_r = 0.973$ vorgeschlagen wird, vorzunehmen.

Für die Bestimmung von l_T wird das integrale Längenmaß l, die turbulente Schwankungsgeschwindigkeit u' sowie die turbulente kinematische Viskosität ν_{Turb} benötigt:

$$l_T = \sqrt{\chi_T \cdot \frac{\nu_{Turb} \cdot l}{u'}} \qquad \text{Gl. 2.17}$$

Die Taylorlänge beschreibt den mittleren Gradienten des Geschwindigkeitsfeldes und liegt größenordnungsmäßig zwischen dem integralen Längemaß und der Kolmogorov-Länge [61]. Nach Heywood [42] wird für den Vorfaktor χ_T ein Wert von 15 vorgeschlagen, der nach Untersuchungen von Grill [34] zur Erreichung bester Abstimmergebnisse bestätigt wird.

Die Modellierung der momentanen Flammenfrontoberfläche erfolgt unter der Annahme eines Scheibenbrennraums. Demnach wird eine Berechnung unter Miteinbezug des verbrannten Volumenanteils und der von der verbrannten Zone berührten Brennraumfläche vollzogen. Für eine detaillierte Beschreibung wird auf [33] verwiesen.

Die turbulente Schwankungsgeschwindigkeit u' ist von der turbulenten kinetischen Energie k im Brennraum abhängig:

$$u' = \sqrt{\frac{2}{3}k} \qquad \text{Gl. 2.18}$$

Die turbulente kinetische Energie wird mit Hilfe eines separaten Turbulenzmodells bestimmt. Im Bereich der quasidimensionalen Modellierung haben sich so genannte k-ε-Modelle, die spezifische Produktions- und Dissipationsterme beinhalten, durchgesetzt [8, 12, 57]. In [87] wird das quasidimensionale Ladungsbewegungs- und Turbulenzmodell nach Bossung [12] als zu bevorzugenden Ansatz vorgeschlagen. Die wichtigsten Details zur Anwendung dieses Turbulenzmodells werden in Kapitel 2.4.5 erläutert. Für die Kopplung von Turbulenz- und Verbrennungsmodell wird ein Faktor C_u eingeführt. Dieser Faktor führt zu einer Skalierung des vom Turbulenzmodell gelieferten Wertes:

$$u_E = C_u \cdot u' + s_L \qquad \text{Gl. 2.19}$$

Somit kann das globale Turbulenzniveau mit Hilfe von C_u abgestimmt werden. Ein höherer Wert von C_u führt zu einer höheren Brenngeschwindigkeit und demzufolge zu einer kürzeren Brenndauer. Als Richtwert wird $C_u = 3$ vorgeschlagen [87].

2.4.5 Beschreibung des quasidimensionalen Ladungsbewegungs- und Turbulenzmodells

Die Zielgröße eines Turbulenzmodells ist die turbulente kinetische Energie k. Bei dem verwendeten quasidimensionalen k-ε-Modell nach [12] wird diese unter Berücksichtigung mehrerer Produktions- und Dissipationsterme, allerdings ohne Auflösung des dreidimensionalen Strömungsfeldes berechnet:

$$\frac{dk}{dt} = \left(\frac{dk}{dt}\right)_{pr} - \varepsilon \qquad \text{Gl. 2.20}$$

Die Berechnung der Turbulenzproduktion wird vereinfacht, indem sie ihren Haupteinflüssen zugeordnet wird. Die folgenden Haupteinflüsse werden berücksichtigt:

- Einströmung $\left(\frac{dk}{dt}\right)_{pr,E}$
- Kolbenbewegung $\left(\frac{dk}{dt}\right)_{pr,P}$
- Ladungsbewegung bzw. Tumble $\left(\frac{dk}{dt}\right)_{pr,T}$
- Dichteänderung $\left(\frac{dk}{dt}\right)_{pr,D}$

Die Turbulenzproduktion ergibt sich aus der Summe der Produktionsterme:

$$\left(\frac{dk}{dt}\right)_{pr} = \left(\frac{dk}{dt}\right)_{pr,E} + \left(\frac{dk}{dt}\right)_{pr,P} + \left(\frac{dk}{dt}\right)_{pr,T} + \left(\frac{dk}{dt}\right)_{pr,D} \quad \text{Gl. 2.21}$$

Die Dissipation im Zylinder wird unter Zuhilfenahme eines Turbulenz-Längenmaßes bestimmt, das während des Ladungswechsels von dem Einlassventilhub und während der Kompression vom momentanen Zylindervolumen abhängt. Die Dissipation wird gemäß der Vorstellung einer Energie-Kaskade von größeren zu kleineren Wirbelstrukturen aufgefasst. Gegen Ende der Kompressionsphase nimmt aufgrund des höheren Oberflächen-Volumen-Verhältnisses der Wandeinfluss auf das Strömungsfeld zu. Die dadurch resultierende Dämpfung der turbulenten kinetischen Energie wird in Form eines empirischen Ansatzes mit berücksichtigt. Für eine ausführliche Erläuterung der Berechnungsgleichungen sei auf [12] verwiesen. Das verwendete quasdimensionale Modell erfordert keine Auflösung des dreidimensionalen Strömungsfeldes.

Als besonderes Merkmal ist die Beschreibung der Turbulenzproduktion durch eine tumbleförmige Ladungsbewegung hervorzuheben. Auf Basis einer idealisierten Wirbelvorstellung wird das Tumbleverhalten während der Kompression berechnet. Als Eingangsgröße werden stationär ermittelte Tumblezahlen nach Tippelmann-Definition [106] verwendet. Ähnlich wie bei Ventildurchflussbeiwerten wird ein Verlauf der Tumblezahlen über dem Ventilhub benötigt. Damit ist das Modell in der Lage, die Turbulenz abhängig des Ventilhubes vorherzusagen und demzufolge einen Einfluss auf die Brenngeschwindigkeit abzubilden. Im Allgemeinen bietet sich die Bestimmung dieser Kennzahlen mittels 3D-CFD-Simulation an, da auch das Modell selbst anhand dreidimensionaler Strömungssimulationen entwickelt wurde.

Das Modell dient in erster Linie einer genaueren Vorausberechnung von Brennverläufen durch das Verbrennungsmodell. Es ist somit bei der Abstimmung des Turbulenz- und Verbrennungsmodells natürlich nicht das Ziel, die Turbulenz quantitativ auf 3D-CFD-Ergebnisse abzustimmen. Vielmehr steht im Vordergrund, eine bestmögliche Übereinstimmung der simulierten Brennverläufe und der Brennverläufe aus der DVA zu erhalten. Dafür ist lediglich eine Abstimmung des globalen Turbulenzniveaus mittels dem Parameter C_u erforderlich. Darüber hinaus kann es bei der Abstimmung notwendig sein, den so genannten Dissipationskoeffizienten C_ε anzupassen [87].

Abschließend seien beispielhafte praktische Anwendungsfälle genannt, für die im Sinne einer besseren Vorhersagegenauigkeit die Verwendung dieses Modells vorteilhaft ist:

- Simulation von Miller-Strategien und Betrachtung von turbulenzsteigernden Maßnahmen (Tumblesteller, Maskierungen)
- Veränderung des Hub-/Bohrungsverhältnisses, der Kolbenkinematik, etc.

2.5 Modellierung des ottomotorischen Klopfens

Das ottomotorische Klopfen ist ein Selbstzündungsphänomen im Bereich des noch nicht von der Flamme erfassten Frischgemischs. Dieser Bereich wird auch als Endgasbereich bezeichnet. Durch die schlagartige Energiefreisetzung kommt es zu einem starken Druck- und Temperaturanstieg und zur Ausbreitung von Druckwellen mit großen Amplituden [78]. Eine klopfende Verbrennung kann zu Bauteilschäden und u. U. zur Zerstörung des Motors führen.

Um einer klopfenden Verbrennung entgegenzuwirken wird üblicherweise der Zündzeitpunkt in Richtung spät verstellt. Hohe Mitteldrücke führen zu verstärktem Klopfen, sodass bei hohen spezifischen Leistungen eine Reduzierung des Verdichtungsverhältnisses notwendig ist. Das Klopfen begrenzt somit den motorischen Wirkungsgrad. Es existieren diverse motorische Maßnahmen, welche die Klopfneigung senken und somit frühere Zündwinkel oder eine Erhöhung des Verdichtungsverhältnisses erlauben. Für die simulative Auslegung von Motorkonzepten ist die Kenntnis der Klopfgrenze von entscheidender Bedeutung. In der Motorprozesssimulation ist es daher üblich, die Klopfintensität mit einem so genannten Klopfmodell zu berechnen. Mit Hilfe eines Reglers, der den Zündzeitpunkt in Abhängigkeit der Klopfintensität regelt, kann somit die frühestmögliche Verbrennungsschwerpunktlage eingestellt werden. Es sind verschiedene empirische Ansätze aus der Literatur [27, 92, 117] mit der Gemeinsamkeit der Berechnung eines Vorreaktionsintegrals bekannt. Für die vorliegende Arbeit wird das FKFS-Klopfmodell nach Schmid [92] ausgewählt, welches eine Weiterentwicklung auf Basis der vorherigen Arbeiten von Worret [117] und Franzke [27] ist.

In der Modellvorstellung wird von einer kritischen Konzentration an reaktiven Kettenträgern, die eine Selbstzündung auslösen, ausgegangen. Diese Konzentration ist bei Erreichen einer globalen Zündverzugszeit τ gegeben. Als Maß für die Anzahl der reaktiven Kettenträger im Brennraum aufgrund der Druck- und Temperaturhistorie wird der integrale Zündverzug berechnet:

$$\int_{t=0}^{t=t_{Klopf}} \frac{1}{\tau} dt = \int_{t=0}^{t=t_{Klopf}} \frac{1}{C_1} \cdot p^{C_2} \cdot e^{-C_3/T} dt = 1 \qquad \text{Gl. 2.22}$$

Dabei sind C_1, C_2 und C_3 modellspezifische Konstanten. Im Vorreaktionsintegral wird eine adiabat berechnete Temperatur der unverbrannten Zone verwendet, um eine Abhängigkeit von der gewählten Wandtemperatur zu vermeiden. Wird bis zu einem definierten Endwinkel die kritische Konzentration an reaktiven Kettenträgern erreicht, so kommt es zum Klopfen. Die Integration beginnt bei 90 °KW vor Zünd-OT (ZOT). Als Endwinkel wird der Zeitpunkt gewählt, an dem kalte Ladungsmasse aus dem Feuerstegbereich in den Endgasbereich eintritt und somit weitere Vorreaktionen einfrieren [92]. Nach [38] ist der Massenstrom vom Feuersteg in den Brennraum und umgekehrt proportional zur Druckänderung im Brennraum. Im Modell ist der 85%-Umsatzpunkt als Endwinkel definiert, was in etwa dem Druckumkehrpunkt bzw. der Lage des Druckmaximums entspricht.

Zudem werden im Modell weitere Einflüsse, durch Hot-Spots und durch die Vorheizzone, berücksichtigt. Diese wirken sich auf die Klopfneigung jeweils negativ aus. Im Modell werden diese Zusammenhänge in der Vorreaktionstemperatur $T_{Prereaction}$ zusammengefasst, die gegenüber der adiabat berechneten Temperatur erhöht ist. Das Modell berücksichtigt somit immer den klopfauslösenden, kritischsten Zustand.

Um den Einfluss eines Hot-Spots abzubilden, muss seine Temperatur berechnet werden. Dafür werden Wärmeströme eines Bilanzwürfels betrachtet, der als Hot-Spot eine kritische Zündstelle repräsentiert. Unter Annahme eines stationären Zustands erfolgt die Berechnung durch die Bilanzierung von dem Wärmezufluss durch die Verbrennung und der Wärmeleitung vom Hot-Spot zur Brennraumwand. Da bei hohen Drehzahlen die Wandtemperatur ansteigt, ist der Einfluss dann verstärkt bemerkbar.

Darüber hinaus hat die Vorheizzone der Verbrennung in Abhängigkeit von der Brennraumturbulenz einen Einfluss auf den Vorreaktionsbereich. Zur Berechnung der Temperatur der Vorheizzone werden die adiabate Flammentemperatur und die Temperatur im Unverbrannten in ein Verhältnis gesetzt. Dies ist erst ab einem kritischen Volumenverhältnis der unverbrannten und verbrannten Zone zu berücksichtigen, d.h. wenn die Flamme die verbleibende unverbrannte

Zone umschließen kann. Der kritische Vorreaktionszustand kann auch erreicht werden, ohne dass die Flamme den Endgasbereich beeinflusst. Bei sehr heißen Brennraumwänden kann bereits ein Hot-Spot zu einem Zündauslöser werden.

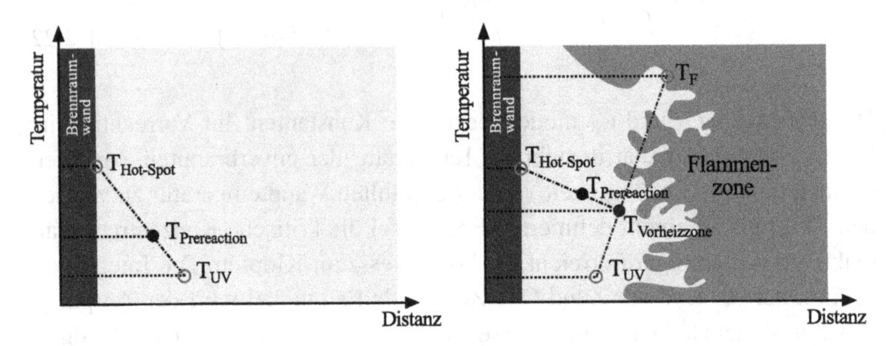

Abbildung 2.4: Berechnung der Temperatur in der Vorreaktionszone [92], links: kritisches Volumenverhältnis nicht erreicht, rechts: kritisches Volumenverhältnis erreicht

Als Ergebnisgröße wird das Vorreaktionsintegral folgendermaßen ausgewertet:

$$I_K = \frac{1}{6 \cdot n \cdot C_1} \cdot \int_{\varphi_{Start}}^{\varphi_{Ende}} \left(p^{C_2} \cdot e^{-C_3/T_{Prereaction}} \right) d\varphi \qquad \text{Gl. 2.23}$$

Als Standard-Grenzwert wird $I_K = 1$ vorgeschlagen. Ergänzend sei darauf hingewiesen, dass das Modell auf mittleren Arbeitsspielen basiert. Der Effekt von zyklischen Schwankungen wird nicht betrachtet. Die Anwendung des Klopfmodells in Kombination mit dem Verbrennungsmodell ist konsistent, da das Verbrennungsmodell ebenfalls auf mittlere Arbeitsspiele abgestimmt wird. Für eine ausführliche Beschreibung sowie die Verifikation und Diskussion dieses Klopfkriteriums wird auf die Quelle [92] verwiesen.

2.6 Modellierung des gasseitigen Wandwärmeübergangs

Der Wärmetransport vom Arbeitsgas über die Brennraumwände in das Kühlwasser wird als Wärmeübergang bezeichnet. In Verbrennungsmotoren dominiert der Wärmeübergang durch erzwungene Konvention, zu dessen Berechnung die Newton'sche Wärmeübergangsgleichung angewandt wird:

$$\frac{dQ_W}{d\varphi} = \alpha \cdot A \cdot (T_g - T_w) \cdot \frac{dt}{d\varphi} \qquad \text{Gl. 2.24}$$

Der Wärmeübergang wird infolge der Temperaturdifferenz zwischen Arbeitsgas und Brennraumwand hervorgerufen. Als Arbeitsgastemperatur T_g wird die massengemittelte Gastemperatur im Brennraum verwendet. Die Wandtemperatur T_w ist die über ein Arbeitsspiel gemittelte Wandinnentemperatur. Die Fläche A wird in der Regel aus den Flächen der brennraumbegrenzenden Bauteile zusammengesetzt. Die genaue Definition ist von dem verwendeten Wandwärmeansatz abhängig. Der Wärmeübergangskoeffizient α bestimmt die Intensität des Wärmeübergangs in den Grenzschichten an der Brennraumwand.

Aufgrund des stark instationären Verhaltens der wärmeübergangsrelevanten Größen ist eine einfache analytische Beschreibung des gasseitigen Wandwärmeübergangskoeffizienten nicht möglich. In der Motorprozessrechnung werden daher meist phänomenologische Wandwärmemodelle eingesetzt, die eine globale Beschreibung des Wärmeübergangs ermöglichen. Das zentrale Berechnungsziel eines solchen Modells ist die Bestimmung eines für den gesamten Brennraum repräsentativen instationären Wärmeübergangskoeffizienten α. Besonders verbreitet sind die Ansätze auf Basis der Ähnlichkeitstheorie nach Woschni (1969), Hohenberg (1980) und Bargende (1990).

Nach [72] gilt die Beziehung für den Wärmeübergangskoeffizienten durch Umformung der Ähnlichkeitsbeziehung $Nu = C \cdot Re^m \cdot Pr^n$:

$$\alpha = C \cdot \lambda \cdot d^{m-1} \cdot \left(\frac{w \cdot p}{\eta \cdot R \cdot T_g} \right) \qquad \text{Gl. 2.25}$$

Die verschiedenen Modelle unterscheiden sich grundlegend in der Konstante C sowie durch die Definitionen der charakteristischen Länge d und der charakteristischen Geschwindigkeit w. Bei der Wahl eines geeigneten Wärmeübergangsmodells für diese Arbeit ist die jeweilige Berechnung des charakteristischen Geschwindigkeitsterms w ausschlaggebend. Bei dem Ansatz nach Woschni [118] besteht der Geschwindigkeitsterm aus einem zu der mittleren Kolbengeschwindigkeit c_m proportionalen Anteil und einem zeitlich veränderlichem Verbrennungsglied. Im Verbrennungsglied wird durch die Druckdifferenz zum geschleppten Betrieb $(p - p_0)$ vereinfacht die durch die Verbrennung bedingte Turbulenzerhöhung berücksichtigt. Hohenberg [45] beschreibt einen Geschwindigkeitsterm ebenfalls in Abhängigkeit von c_m. Zudem wird die aktuelle Gastemperatur mit einbezogen, um den Einfluss der verbrennungsgenerierten Turbulenz abzubilden. Die Verwendung einer mittleren Kolbengeschwindigkeit schließt eine gute Eignung beider Ansätze für Verbrennungsmotoren mit einem Atkinson-Kurbeltrieb aus.

Demgegenüber steht der Ansatz nach Bargende [8], bei dem der Geschwindigkeitsterm mit Hilfe eines integrierten 0D-Turbulenzmodells und der momentanen Kolbengeschwindigkeit bestimmt wird. Der Einfluss der Verbrennung wird in einem expliziten Verbrennungsterm berücksichtigt. Durch die getrennte Berücksichtigung der wärmeübergangsbestimmenden Ursachen wird eine möglichst phänomenologische Beschreibung des Wärmeübergangs realisiert. Der Ansatz nach Bargende ist somit für Konzepte mit verlängerter Expansion am besten geeignet und wird folglich für diese Arbeit ausgewählt.

Da die ursprüngliche Gleichung von Bargende ein empirisches Quadrieren des Verbrennungsterms beinhaltet, wurde von Heinle ein verbesserter Berechnungsansatz veröffentlicht [39, 40, 41]. Der Effekt der verbrennungsgenerierten Konvention wird dort durch einen möglichst physikalisch basierten Ansatz erfasst. Zudem wird der Wärmeverlust im Feuerstegbereich analytisch und nicht mehr durch eine phänomenologische Anpassung der Feuerstegoberfläche [8] beschrieben. Beide Ansätze sind nur für den Hochdruckprozess gültig.

2.6.1 Wandwärmemodell nach Bargende-Heinle

Der verbesserte Ansatz enthält eine modifizierte charakteristische Geschwindigkeit w_{mod} und einen modifizierten Verbrennungsterm Δ_{mod}. Die Empirie des ursprünglichen Ansatzes wird durch physikalisch basierte Beschreibungen ersetzt. Der Ansatz nach Bargende-Heinle ist für alle Brennverfahren ohne den Bedarf der Anpassung spezifischer Kalibrierfaktoren gültig [41].

Die analytische Beschreibung des Wärmeübergangs im Feuerstegbereich erfordert die folgende Verwendung der Newton'schen Wärmeübergangsgleichung:

$$\frac{dQ_{W,mod}}{d\varphi} = \alpha_{mod} \cdot A_{Br} \cdot (T_g - T_w) + \frac{dQ_{W,Fst}}{d\varphi} \qquad \text{Gl. 2.26}$$

$$A_{Br} = A_{ZK} + A_{Ko} + A_{Lb} \qquad \text{Gl. 2.27}$$

Für den modifizierten Wärmeübergangskoeffizienten α_{mod} gilt:

$$\alpha_{mod} = 27.97 \cdot 10^3 \cdot \frac{1.15 \cdot r + 2.02}{[R \cdot (2.57 \cdot r + 3.55)]^{0.78}} \cdot V^{-0.073} \cdot T_m^{-0.477} \cdot p^{0.78} \cdot w_{mod}^{0.78} \cdot \Delta_{mod} \qquad \text{Gl. 2.28}$$

Für die Berechnung des Wärmeübergangskoeffizienten sowie der Gaszustände dient die Mitteltemperatur, berechnet aus Arbeitsgastemperatur T_g und Wandtemperatur T_w:

$$T_m = \frac{T_g + T_w}{2} \quad \text{Gl. 2.29}$$

Durch den Luftgehalt r wird die Abhängigkeit der Stoffwerte von der momentanen Gaszusammensetzung berücksichtigt:

$$r = \frac{\lambda - 1}{\lambda + 1/L_{min}} \quad \text{Gl. 2.30}$$

Es ist die Berechnung der charakteristischen, wärmeübergangsrelevanten Geschwindigkeit w_{mod} hervorzuheben:

$$w_{mod} = \sqrt{\frac{2}{3} \cdot k + \frac{c_k^2}{4} + u_v^2} \quad \text{Gl. 2.31}$$

Durch Verwendung der momentanen Kolbengeschwindigkeit c_k kann der Einfluss der Kurbeltriebskinematik erfasst werden. Dies ist im Speziellen bei Atkinson-Kurbeltrieben notwendig. Die skalierte Verbrennungskonvektion u_v ist die Konvektionsgeschwindigkeit durch die Verbrennung:

$$u_v = y^{1/6} \cdot \frac{d}{4} \cdot \left(\frac{dy}{dt} - K \cdot \frac{y}{x} \cdot \frac{dx}{dt} \right) \quad \text{Gl. 2.32}$$

y	relativ verbranntes Volumen V_v/V
x	relativ verbrannte Masse m_v/m
K	Dichteverhältnis ρ_v/ρ_{uv}

Die turbulente kinetische Energie k wird mit einem k-ε-Modell berechnet:

$$\frac{dk}{dt} = \left[-\frac{2}{3} \cdot \frac{k}{V} \cdot \frac{dV}{dt} - \varepsilon \frac{k^{1.5}}{L} + \left(\varepsilon_q \frac{k_q^{1.5}}{L} \right) \right] \quad \text{Gl. 2.33}$$

Das k-ε-Modell bildet vereinfacht sowohl den Vorgang des Einströmens als auch turbulenzerhöhende und -verringernde Effekte ab. Für die Dissipationskonstanten wird der Wert $\varepsilon = \varepsilon_q = 2.184$ verwendet. Die charakteristische Wirbellänge L ist wie folgt definiert:

$$L = \left(\frac{6}{\pi} \cdot V \right)^{1/3} \quad \text{Gl. 2.34}$$

Die kinetische Energie der Quetschströmung k_q spielt vor allem bei Muldenbrennräumen eine wichtige Rolle. Darin ist w_a eine axiale und w_r eine radiale Geschwindigkeitskomponente. Die Mulde wird durch den Durchmesser d_{Mu}, die Tiefe s_{Mu} und das Volumen V_{Mu} als idealisierte Topfmulde beschrieben.

$$k_q = \frac{1}{18} \cdot \left(w_r \left(1 + \frac{d_{Mu}}{d} \right) + w_a \cdot \left(\frac{d_{Mu}}{d} \right)^2 \right)^2 \qquad \text{Gl. 2.35}$$

$$w_a = \frac{dV}{dt} \cdot \frac{1}{V} \cdot s_{Mu} \qquad \text{Gl. 2.36}$$

$$w_r = \frac{dV}{dt} \cdot \frac{1}{V} \cdot \frac{V_{Mu}}{V - V_{Mu}} \cdot \frac{d^2 - d_{Mu}^2}{4 \cdot d_{Mu}} \qquad \text{Gl. 2.37}$$

Zur Lösung der DGL wird als Startbedingung die spezifische kinetische Energie k_{ES} bei Einlassschluss verwendet:

$$k_{ES} = \frac{1}{16} \cdot \left(\frac{c_m \cdot d^2 \cdot \lambda_L}{d_{EV} \cdot h_{EV} \cdot \sin(45°)} \right)^2 \qquad \text{Gl. 2.38}$$

Bei Motoren mit Atkinson-Kurbeltrieb ist explizit darauf zu achten, dass die mittlere Kolbengeschwindigkeit des Saughubes verwendet wird [59], anderenfalls wird die turbulente kinetische Energie k überschätzt.

Zuletzt wird, entkoppelt vom Strömungsglied, im Verbrennungsterm der wärmeübergangserhöhende Effekt durch die Verbrennung berücksichtigt.

$$\Delta_{mod} = \frac{y^{2/3} \cdot (T_v - T_{uv}) + (T_{uv} - T_w)}{(T_g - T_w)} \qquad \text{Gl. 2.39}$$

Der Verbrennungsterm berechnet sich abhängig der relativen Oberfläche des Verbrannten, die sich durch den Volumenanteil y beschreiben lässt. Die Temperatur der unverbrannten Zone lässt sich über eine polytrope Verdichtung mit dem Zustand zum Zündzeitpunkt berechnen:

$$T_{uv} = T_{g,ZZP} \cdot \left(\frac{p}{p_{ZZP}} \right)^{\frac{n-1}{n}} \qquad \text{Gl. 2.40}$$

Somit ergibt sich für die Temperatur des verbrannten Arbeitsgases:

$$T_v = \frac{1}{X} \cdot T_g + \frac{X-1}{X} \cdot T_{uv} \qquad \text{Gl. 2.41}$$

Darin ist X die normierte Durchbrennfunktion:

$$X = \frac{Q_B}{Q_{B,ges}} \quad \text{Gl. 2.42}$$

Abschließend ist die Beziehung für den Wärmestromverlust im Feuersteg wie folgt festgelegt:

$$-\frac{dQ_{W,Fst}}{d\varphi} = \frac{V_{Fst}}{T_{Fst} \cdot R} \cdot \frac{dp}{d\varphi} \cdot (h_{Zyl} - u_{Fst}) - \frac{dm_L}{d\varphi} \cdot (h_{Zyl} - h_{Fst}) \quad \text{Gl. 2.43}$$

$$V_{Fst} = 2 \cdot \pi \cdot d \cdot h_{Fst} \cdot b_{Fst} \quad \text{Gl. 2.44}$$

2.6.2 Experimentelle Erfassung des Wandwärmeübergangs

Zur messtechnischen Erfassung des zeitlichen Verlaufs des Wärmeübergangs in Verbrennungsmotoren hat sich die Oberflächentemperaturmethode durchgesetzt. Erste Anwendungen von Eichelberg sind seit den 1920er Jahren bekannt [20]. Konkrete Anwendungen bezüglich der Entwicklung und Validierung von Wärmeübergangsmodellen sind z.B. in [8], [16], [23], [40], [47] ersichtlich.

Die Messgröße ist die Temperaturschwingung, die durch einen lokalen instationären Wärmestrom an der Oberfläche verursacht wird. Es werden dafür üblicherweise Thermoelemente vom „Typ K" mit der Thermopaarung NiCr-Ni als Temperatursonden eingesetzt. Um bei einer guten zeitliche Auflösung die rasche Änderung der Wandtemperatur zu erfassen, ist eine schnelle Ansprechzeit der Messstelle zwingend notwendig. Um dies zu erreichen ist eine spezielle Bearbeitung des Thermoelements [7] notwendig, bei der in Dünnschichttechnologie Schichtdicken von unter 1 µm angestrebt werden. Nach [40], [86] können Ansprechzeiten von ungefähr 0.3 µs erreicht werden. Folgend ein Beispiel zur Verdeutlichung, dass diese Ansprechzeit der Anforderung von Messungen, die den für Ottomotoren typischen Drehzahlbereich abdecken, genügt: Bei einer Drehzahl von 6500 min^{-1} und einer Auflösung des Messsystems von 0.1 °KW dauert ein Inkrement ca. 1.4 µs.

Zuerst wird das Thermoelement mit einem gewissen Überstand in eine vorgesehene Bohrung eingeklebt oder eingelötet. Nach dem Kappen der Verbindungsstelle der Thermoleitungen muss ein Keramikbinder aufgetragen werden, da das enthaltene Isolationsmaterial aus MgO-Pulver keine mechanische Festigkeit besitzt. Mit anschließender Aushärtung im Ofen entsteht eine feste Keramik mit hoher Wärmeleitfähigkeit. Darauffolgend wird das Thermoelement bündig mit der Oberfläche verschliffen. Da die Kontakte nicht freiliegen dürfen, wird im Hochvakuum eine dünne Chromschicht aufgedampft, um die Leitfähigkeit wiederherzustellen. Zum Schutz vor Korrosion und den Belastungen während des Motorbetriebs wird darüber eine ebenso dünne Goldschicht aufgedampft, sodass eine gesamte Schichtdicke von 0.3 μm entsteht.

Wird eine Mehrzahl an Sonden im Brennraum positioniert, so kann durch eine flächenmäßige Mittelwertbildung von lokalen Wärmestromdichten auf einen für den gesamten Brennraum repräsentativen Wandwärmestrom geschlossen werden. Somit ist es möglich, den Wärmeübergangskoeffizienten experimentell zu bestimmen.

Der instationäre Wärmestrom bewirkt ein instationäres Temperaturfeld in der Brennraumwand, das mit der Fourier'schen Differenzialgleichung beschrieben werden kann:

$$\frac{\partial T}{\partial t} = a \cdot \left(\frac{\partial^2 T}{\partial x^2} + \frac{\partial^2 T}{\partial y^2} + \frac{\partial^2 T}{\partial z^2} \right) \qquad \text{Gl. 2.45}$$

Durch die Dämpfung der Temperaturschwingung in der Wand liegt in der Brennraumwand bereits nach geringer Tiefe (4-5 mm [8]) ein stationäres Temperaturfeld vor. Damit sind die Temperaturgradienten in y- und z-Richtung so gering, dass die vereinfachte Modellvorstellung eines eindimensionalen Wärmestroms senkrecht zur Oberfläche zulässig ist. Die Differenzialgleichung vereinfacht sich für den eindimensionalen Fall zu:

$$\frac{\partial T}{\partial t} = a \cdot \left(\frac{\partial^2 T}{\partial x^2} \right) \qquad \text{Gl. 2.46}$$

Unter der Annahme einer einseitig halbunendlichen Ausdehnung der Brennraumwand im eingeschwungenen Zustand [8] existiert für diese Gleichung eine Lösung durch Fourier'sche Reihen [20]:

$$\begin{aligned} T(x,t) = {} & T_m - \frac{\dot{q}_m}{\lambda} \cdot x + \sum_{i=1}^{\infty} e^{-x \cdot \sqrt{\frac{i\omega}{2a}}} \cdot \\ & [A_i \cdot \cos(i\omega t - x \cdot \sqrt{\frac{i\omega}{2a}}) + B_i \cdot \sin(i\omega t - x \cdot \sqrt{\frac{i\omega}{2a}})] \end{aligned} \qquad \text{Gl. 2.47}$$

Die eindimensionale Wärmeleitungsgleichung beschreibt den Zusammenhang zwischen Temperatur und Wärmestromdichte:

$$\dot{q} = -\lambda \cdot \left(\frac{\partial T}{\partial x}\right) \qquad \text{Gl. 2.48}$$

Wird Gleichung 2.47 nach x differenziert, so ergibt sich mit den Bedingungen $x = 0$, der Temperaturleitfähigkeit a

$$a = \frac{\lambda}{\rho \cdot c_p} \qquad \text{Gl. 2.49}$$

und der Wärmeeindringzahl b

$$b = \sqrt{\rho \cdot c_p \cdot \lambda} \qquad \text{Gl. 2.50}$$

die Wärmestromdichte an der Brennraumoberfläche $x = 0$:

$$\dot{q} = \dot{q}_m + b \cdot \sum_{i=1}^{\infty} \sqrt{\frac{i\omega}{2}} \cdot [(A_i + B_i) \cdot \cos(i\omega t) + (B_i - A_i) \cdot \sin(i\omega t)] \qquad \text{Gl. 2.51}$$

Die mittlere Wärmestromdichte $\dot{q}_m$ wird mit der so genannten Nulldurchgangsmethode bestimmt. Anderenfalls müsste jeder Messstelle eine Gradientenmessstelle in einer definierten Wandtiefe zugeordnet werden, was einen erheblichen Mehraufwand bedeutet.

Der Nulldurchgang ist der Zeitpunkt t_0 zu dem eine Temperaturgleichheit von gemessener Wandtemperatur T_w und berechneter Massenmitteltemperatur T_g herrscht. Aus der Newton'schen Wärmeübergangsgleichung (Gl. 2.24) ergibt sich mit der Beziehung

$$\dot{Q}_W = \dot{q}_w \cdot A \qquad \text{Gl. 2.52}$$

eine momentane Wärmestromdichte gleich null:

$$\dot{q}(x = 0, t_0) = \alpha \cdot (T_g - T_w) = 0 \qquad \text{Gl. 2.53}$$

Mit den Gleichungen Gl. 2.51 und Gl. 2.53 kann die mittlere Wärmestromdichte bestimmt werden:

$$\dot{q}_m = -b \cdot \sum_{i=1}^{\infty} \sqrt{\frac{i\omega}{2}} \cdot [(A_i + B_i) \cdot \cos(i\omega t) + (B_i - A_i) \cdot \sin(i\omega t)] \qquad \text{Gl. 2.54}$$

Durch Auswertung der Gleichung 2.24 mit Gl. 2.52 resultiert eine Gleichung zur Berechnung des Wärmeübergangskoeffizienten:

$$\alpha = \frac{\dot{q}_w}{T_g - T_w} \qquad \text{Gl. 2.55}$$

2.7 Wirkungsgrad von Verbrennungsmotoren

Der effektive Wirkungsgrad eines Verbrennungsmotors definiert sich über das Verhältnis von Nutzen zu Aufwand:

$$\eta_e = \frac{Nutzen}{Aufwand} = \frac{W_e}{m_B \cdot H_u} \qquad \text{Gl. 2.56}$$

Den Aufwand stellt die mit dem Brennstoff zugeführte Energie dar. Der Nutzen bzw. die effektive Arbeit W_e setzt sich aus der indizierten Arbeit W_i abzüglich der Reibungsarbeit W_r zusammen:

$$W_e = W_i - W_r \qquad \text{Gl. 2.57}$$

Die Reibungsarbeit umfasst die Motorreibung inklusive der Nebenaggregate. Die indizierte Arbeit entspricht der Volumenänderungsarbeit:

$$W_i = \oint p\mathrm{d}V \qquad \text{Gl. 2.58}$$

Für den indizierten Wirkungsgrad η_i gilt:

$$\eta_i = \frac{W_i}{m_B \cdot H_u} \qquad \text{Gl. 2.59}$$

Somit sind für $m_B = konst.$ zwei Möglichkeiten zur Erhöhung des effektiven Wirkungsgrades ersichtlich. Erstens durch die Minimierung von W_r, was eine Reduktion der Motorreibung und eine optimierte Auslegung der Nebenaggregate erfordert. Zweitens durch Erhöhung des indizierten Wirkungsgrades η_i.

Zunächst stellt sich die Frage, von welchen Einflüssen der indizierte Wirkungsgrad abhängig ist. Nach Abbildung 2.5 ist η_i ausgehend von dem Wirkungsgrad eines Vergleichsprozesses η_v zusätzlich von dem Gütegrad η_g abhängig. Der Gütegrad ist ein Maß für die inneren Verluste einer Maschine und ist somit der Grad der Annäherung an den Vergleichsprozess.

$$\eta_g = \frac{\eta_i}{\eta_v} \qquad \text{Gl. 2.60}$$

Der Gleichraumprozess ist der thermodynamisch günstigste Vergleichsprozess, der theoretisch in einem Verbrennungsmotor umgesetzt werden kann [30]. Der Wirkungsgrad des Gleichraumprozesses η_v ist wie folgt definiert:

$$\eta_v = 1 - \frac{1}{\varepsilon^{\kappa-1}} \qquad \text{Gl. 2.61}$$

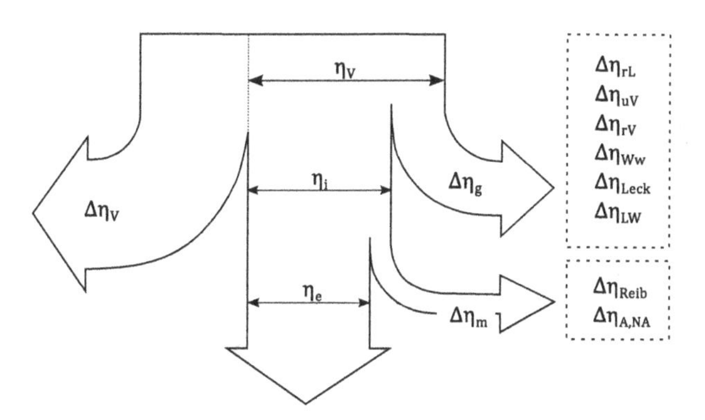

Abbildung 2.5: Sankey-Diagramm der motorischen Wirkungsgrade [30]

Darin ist ε das Verdichtungsverhältnis:

$$\varepsilon = \frac{V_h + V_{OT}}{V_{OT}} \qquad \text{Gl. 2.62}$$

Demnach können mehrere Stellhebel zur Steigerung des indizierten Wirkungsgrades eines Ottomotors abgeleitet werden:

Die Steigerung des Gütegrades η_g durch Reduktion der inneren Verluste, die Erhöhung des Verdichtungsverhältnisses ε und die Verbesserung der Gaseigenschaften κ. Maßnahmen wie z.B. neue Brennverfahren können gleichzeitig auf mehrere Stellhebel wirken. Es sind Maßnahmen gesucht, die mit möglichst geringen Nachteilen möglichst große Wirkungsgradvorteile herbeiführen.

Die Wirkungsgradsteigerung durch Erhöhung des Verdichtungsverhältnisses wird durch das Klopfen begrenzt. Für eine bessere Ausnutzung der thermischen Energie müsste daher bei gleichbleibendem Verdichtungsverhältnis nur das Expansionsverhältnis erhöht werden. Allerdings ist im konventionellen Prozess das Expansionsverhältnis direkt an das Verdichtungsverhältnis gekoppelt. Diese Problematik kann durch das Prinzip der verlängerten Expansion aufgelöst werden. Das Verfahren wird in Kapitel 4.2 ausführlich beschrieben.

2.8 Analyse der thermodynamischen Verluste

Um zwei Motoren hinsichtlich der Effizienz ihrer Prozessführung vergleichen und die Wirkungsgradabweichungen vom theoretisch möglichen Maximum bewerten zu können, müssen die thermodynamischen Verluste analysiert werden.

In der Praxis haben sich dafür zwei unterschiedliche Methoden, die Energiebilanz und die Verlustteilung, etabliert. Im Folgenden werden die Unterschiede der jeweiligen Ansätze erläutert.

2.8.1 Energiebilanz

Bei der Energiebilanz des Brennraums findet eine Aufteilung der zugeführten Kraftstoffenergie in relative Anteile statt. Diese relativen Anteile sind proportional zu den jeweiligen, das thermodynamische System verlassenden Energieströmen:

- indizierte Arbeit
- Wandwärmeverluste
- Differenz von abgeführter Abgas- und zugeführter Frischgasenthalpie
- unverbrannter Kraftstoff

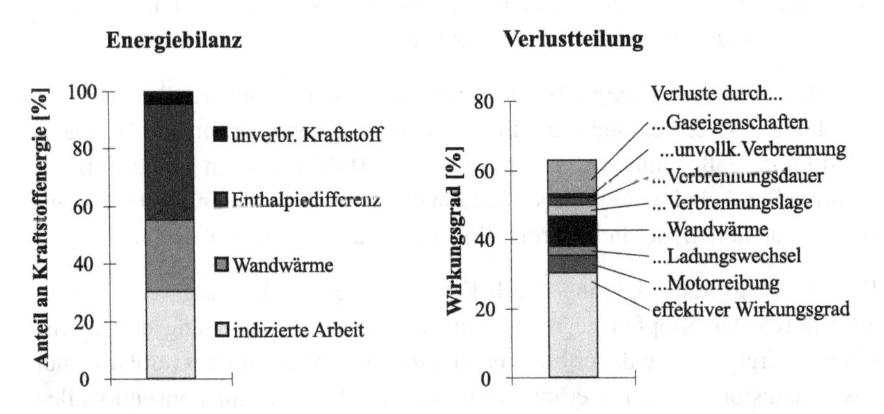

Abbildung 2.6: Unterschied zwischen Energiebilanz und Verlustteilung

Daher beträgt die Gesamtsumme der aus dem System abgeführten Energien immer 100 % der zugeführten Kraftstoffenergie. Diese Betrachtungsweise liefert keine genauen Information über die Einzelverlustanteile, die z.B. durch eine reale Verbrennung entstehen. Eine späte Lage des Verbrennungsschwerpunkts führt in der Energiebilanz lediglich zu einem Anstieg der Abgasenthalpie. Andererseits würde auch ein frühes Auslassöffnen einen Anstieg der Abgasenthalpie hervorrufen. Eine genaue Zuordnung der thermodynamischen

Stellhebel des motorischen Arbeitsprozesses zu einem Ergebnis der Energiebilanz ist somit nicht möglich. Als Werkzeug zur Analyse der thermodynamischen Verluste wird daher die Verlustteilung verwendet, die im folgenden Abschnitt erläutert wird.

2.8.2 Verlustteilung

Eine Verlustteilung ist die Berechnung der Einzelverlustanteile, um die sich der effektive Wirkungsgrad von dem Wirkungsgrad des vollkommenen Motors im betrachteten Betriebspunkt unterscheidet. Es gilt folgender Zusammenhang:

$$\eta_e = \eta_{vollk} - \Delta\eta_V \qquad \text{Gl. 2.63}$$

Dabei ist $\Delta\eta_V$ die Summe der Einzelverlustanteile. Die zugrundeliegenden Definitionen der Verlustteilung in dieser Arbeit basieren auf den Überlegungen von Witt [116]. Der nach Witt definierte vollkommene Prozess weicht von der Definition des vollkommenen Prozesses nach Pischinger [78] durch die folgenden Eigenschaften ab:

- Die Ladungsmasse entspricht der des Realprozesses
- Anstatt reiner Frischladung wird der Restgasanteil wie im Realprozess berücksichtigt

Daher wird dieser als vollkommener Motor mit realer Ladung bezeichnet. Eine messtechnische oder rechnerische Erfassung der separaten Verlustanteile ist nicht möglich. Zudem existiert eine gegenseitige Beeinflussung der einzelnen Verluste, sodass deren Reihenfolge von Bedeutung ist. [78]

Die Berechnung der Einzelverlustanteile erfolgt mit Hilfe einer APR in mehreren Schritten. In jedem Schritt wird ein Verlust abgeschaltet, sodass sich ein höherer Wirkungsgrad ergibt. Somit wird ausgehend vom effektiven Wirkungsgrad sukzessive ein neuer Wirkungsgrad berechnet. Nach Ausführung des letzten Schrittes ergibt sich per Definition der Wirkungsgrad des vollkommenen Motors mit realer Ladung. Der Wirkungsgrad ergibt sich aus der inneren Arbeit bezogen auf die Brennstoffenergie. Aus der Differenz zweier entsprechender Wirkungsgrade folgt der jeweilige Verlustanteil.

Die motorischen Verluste werden in der folgenden Reihenfolge ermittelt:

- $\Delta\eta_r$ Verlust durch Reibung
- $\Delta\eta_{LW}$ Verlust durch Ladungswechsel
- $\Delta\eta_E$ Expansionsverlust
- $\Delta\eta_L$ Leckageverlust
- $\Delta\eta_W$ Wandwärmeverlust
- $\Delta\eta_{VL}$ Verlust durch Verbrennungslage
- $\Delta\eta_{VD}$ Verlust durch Verbrennungsdauer
- $\Delta\eta_{unvollk}$ Verlust durch unvollkommene Verbrennung

Die Verluste durch Reibung und Ladungswechsel können direkt bestimmt werden. Daher wird zur Berechnung des Expansionsverlusts die erste APR durchgeführt. In Abbildung 2.7 wird die Abfolge der Arbeitsprozessrechnungen veranschaulicht. In grau ist jeweils das pV-Diagramm vor und in schwarz nach Abschalten des Verlustes gekennzeichnet.

Verlust durch Reibung:
Der Verlust, der durch die mechanische Motorgesamtreibung entsteht, kann auf Basis des bekannten Zusammenhangs

$$p_{mr} = p_{mi} - p_{me} \qquad \text{Gl. 2.64}$$

berechnet werden. Demnach entspricht der Reibungsverlust der Differenz aus indiziertem und effektivem Wirkungsgrad:

$$\Delta\eta_r = \eta_i - \eta_e \qquad \text{Gl. 2.65}$$

Verlust durch Ladungswechsel:
Zur Bestimmung des Ladungswechselverlusts wird der Hochdruckwirkungsgrad $\eta_{i,360}$ verwendet. Dieser wird mit der UT-UT-Methode [116] bestimmt. Bei dieser Methode wird der Ladungswechsel zwischen den unteren Totpunkten abgeschnitten. Für den Ladungswechselverlust gilt:

$$\Delta\eta_{LW} = \eta_{i,360} - \eta_i \qquad \text{Gl. 2.66}$$

Expansionsverlust:
Der Expansionsverlust ist der Verlust an Arbeit durch ein frühes Auslassöffnen. Innerhalb der ersten APR wird die Expansionsphase unter Berücksichtigung des Wärmeübergangs bis zum UT berechnet. Die Differenzfläche im pV-Diagramm ist der Expansionsverlust, siehe auch [98, 116]. Die Expansionsverluste nehmen meist sehr geringe Werte von 0.1 bis 0.3 % an [116].

Leckageverlust:
Der Verlust durch Leckage ist der Wirkungsgradverlust aufgrund eines Leckagemassenstroms. Die Leckageverluste spielen in der Regel eine sehr untergeordnete Rolle. Da in dieser Arbeit der Einfluss von Leckage nicht berücksichtigt wird, ergibt sich sinngemäß stets ein Verlust von 0 % und wird im weiteren Verlauf daher nicht betrachtet.

Wandwärmeverlust:
Der Wandwärmestrom im Hochdruckteil bewirkt einen entsprechenden Wirkungsgradverlust. In der dritten APR wird der Wärmeübergangskoeffizient auf Null gesetzt, um einen adiabaten Prozess zu erhalten. Dadurch endet der Kompressionsvorgang auf einem leicht höheren Druck- und Temperaturniveau. In der Expansionsphase steht ein höherer Druck zur Wandlung in Volumenänderungsarbeit zur Verfügung.

Verlust durch Verbrennungslage:
Die optimale Schwerpunktlage eines adiabaten Prozesses liegt im oberen Totpunkt, womit sich bei einer abweichenden Verbrennungslage der Verlust durch Verbrennungslage ergibt. Um diesen Verlust zu bestimmen, wird der Brennverlauf in der vierten APR so verschoben, dass der Verbrennungsschwerpunkt im OT liegt. Durch diese Verschiebung steigt der Maximaldruck erheblich.

Verlust durch Verbrennungsdauer:
Im vollkommenen Prozess läuft die Verbrennung unendlich schnell ab. Der Verlust durch die reale Verbrennungsdauer wird bestimmt, indem die Brenndauer in der fünften APR auf eine Dauer von 2 °KW verkürzt wird. Die Verbrennung entspricht näherungsweise einer Gleichraumverbrennung und es vergrößert sich die Fläche im pV-Diagramm.

Verlust durch unvollkommene Verbrennung:
Bei stöchiometrischen Betriebspunkten ist der Verlust nur von dem Umsetzungswirkungsgrad der Verbrennung abhängig. In der letzten APR wird der Einfluss einer unvollständigen bzw. unvollkommenen Verbrennung eliminiert

und folglich die gesamte Kraftstoffmasse umgesetzt. Dieser Verlust kann daher in Betriebspunkten mit Anfettung hohe Werte annehmen.

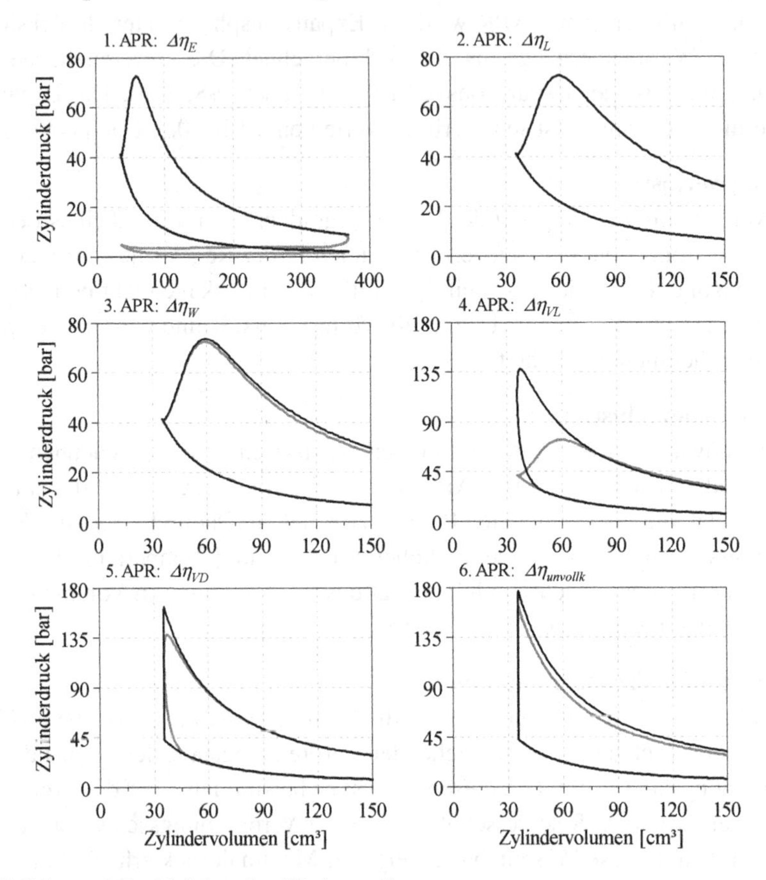

Abbildung 2.7: Abfolge der Verlustteilung

Neben dieser Verlustteilung ist auch ein Ansatz mit anderer Reihenfolge [115] bekannt, der vor dem Hintergrund neuer Brennverfahren entwickelt wurde. Der maßgebliche Unterschied liegt in der Bewertung der Verbrennungsverluste. Diese werden unter Berücksichtigung von Gaseigenschaften ermittelt, welche keine Temperaturabhängigkeit aufweisen. Begründet wird dies durch die unrealistischen Gaseigenschaften, die sich zwangsläufig bei einer idealisierten Verbrennung ergeben würden [115]. Der Wirkungsgrad des Gleichraumprozesses wird als Grenzwirkungsgrad definiert. Es ergeben sich zwei zusätzliche Einzelverluste, der Verlust durch Kalorik und durch reale Ladung.

Bei der Verlustteilung nach Witt ergeben sich tendenziell kleinere Werte für den Verbrennungsverlust, da der vollkommene Motor mit idealer Verbrennung noch die Verluste aufgrund der Kalorik enthält. Durch die Differenz aus idealem Wirkungsgrad und dem Wirkungsgrad des vollkommenen Motors kann auch hier ein Verlust durch Gaseigenschaften (reale Ladung und Kalorik) ermittelt werden. Dieser Verlust wird in dieser Arbeit allerdings nicht diskutiert.

Das schrittweise Abschalten von Verlusten ist eine fiktive Vorgehensweise. Am Prüfstand ist keine der beiden Reihenfolgen reproduzierbar, da die Umsetzung der einzelnen Schritte in Realität technisch bzw. physikalisch nicht möglich ist. Daher ist es eine Frage der Philosophie, welche Reihenfolge gewählt wird.

3 Simulation von Hybridfahrzeugen

3.1 Hybridfahrzeuge

Ein hybrider Antriebsstrang ist definiert durch mindestens zwei verschiedene Energiewandler und zwei verschiedene Energiespeicher an Bord des Fahrzeugs für dessen Antrieb. Als Hybridfahrzeug wird in der Regel ein Fahrzeug bezeichnet, dessen Antrieb aus einem Verbrennungsmotor (VM) kombiniert mit einer E-Maschine (EM) besteht [83]. Die zugehörigen Energiespeicher sind demnach ein Kraftstofftank zur Speicherung von chemischer Energie und eine Batterie zur Speicherung von elektrischer Energie.

3.1.1 Klassifizierung nach Topologien

Eine typische Art der Klassifizierung von hybriden Antriebssträngen ist, sie nach der Anordnung der Energiewandler im Antriebsstrang zu unterscheiden [82, 85, 108]. In dieser Arbeit wird die Klassifizierung nach [44] verwendet. Dabei gibt es eine *serielle*, *parallele* und *leistungsverzweigte* Topologie, wie in Abbildung 3.1 schematisch dargestellt wird.

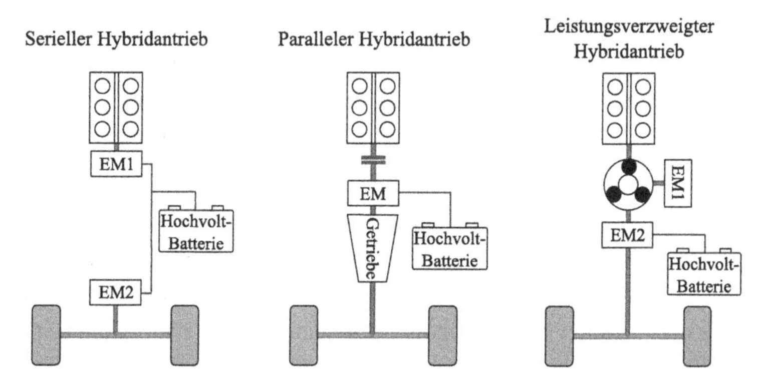

Abbildung 3.1: Übersicht über verschiedene Hybridantriebsstränge [31]

Der serielle Hybridantrieb ist durch den Einsatz von zwei E-Maschinen gekennzeichnet. Es existiert keine mechanische Verbindung zwischen dem VM

M. Langwiesner, *Konzepte für bestpunktoptimierte Verbrennungsmotoren innerhalb von Hybridantriebssträngen*, Wissenschaftliche Reihe Fahrzeugtechnik Universität Stuttgart, https://doi.org/10.1007/978-3-658-22893-4_3

und der Antriebsachse. Der VM betreibt einen Generator (EM1) und der Antrieb erfolgt rein elektrisch (EM2). Bei der seriellen Fahrt wird der VM von der Fahraufgabe entkoppelt und kann im Bestpunkt betrieben werden.

Bei dem parallelen Hybridantrieb besitzt der VM einen mechanischen Durchtrieb. Der elektrische Zweig ist parallel dazu angeordnet und kann bei Bedarf zu- oder abgeschaltet werden [44]. Entsprechend der Einbauposition der E-Maschine ist eine weitere Einteilung in P1-, P2, P3- und P4-Hybride üblich [44, 85]:

P1:
Die EM ist fest mit dem VM am Kurbelwellenausgang verbunden, daher ist keine rein elektrische Fahrt möglich. Zudem wird das Rekuperationspotenzial durch das Schleppmoment des Verbrennungsmotors gemindert.

P2:
Die EM ist durch eine Trennkupplung vom VM separiert (s. Abbildung 3.1). Durch das Öffnen dieser Kupplung wird der VM vom Antriebsstrang abgekoppelt, sodass eine rein elektrische Fahrt und eine bessere Rekuperation möglich sind.

P3:
Bei dem P3-Hybrid sitzt die EM am Getriebeausgang. Die elektrische Leistung fließt bei der Rekuperation und bei der elektrischen Fahrt nicht durch das Getriebe. Dadurch sind diese Hybridfunktionen weniger verlustbehaftet.

P4:
Bei der P4-Anordnung treiben EM und VM unterschiedliche Achsen an. Durch die Zugkraftaddition ist konzeptbedingt ein Allradantrieb möglich. Bei einem reinen P4-Hybriden ist die fehlende Möglichkeit einer Lastpunktverschiebung als Nachteil zu nennen. Elektrisch angetriebene Achsen ermöglichen in Parallel-Hybrid-Kombinationen mit mehreren E-Maschinen, z.B. in Form des P2-/4-Hybriden, einen seriellen Antrieb. Mit dieser kombinierten Topologie ist eine gute Ausnutzung des Bestpunktbereiches des Verbrennungsmotors möglich.

Der leistungsverzweigte Hybridantrieb besteht aus einem Planetenradgetriebe, einem Verbrennungsmotor und zwei E-Maschinen. Am Planetenradgetriebe wird die Leistung des Verbrennungsmotors in einen mechanischen und einen elektrischen Pfad aufgeteilt. Durch den kombinierten Betrieb der E-Maschinen ist es möglich, den Betriebspunkt des Verbrennungsmotors unabhängig vom

Fahrzustand zu verschieben. Neben einem komplexeren Systemaufbau steigt bei dieser Topologie auch der Steuerungs- und Regelungsbedarf [85].

Im Rahmen der Antriebsstrangsimulation werden in dieser Arbeit ausschließlich parallele Hybridantriebsstrangkonzepte betrachtet.

3.1.2 Klassifizierung nach Hybridisierungsgrad

Hybridfahrzeuge werden neben ihrer Architektur auch entsprechend ihrer elektrischen Leistungsfähigkeit klassifiziert. [44] bildet einen Quotienten aus der installierten elektrischen Leistung bezogen auf die Gesamtleistung des Fahrzeugs. [82] und [108] verwenden die absolute elektrische Leistung als Klassifizierungskriterium. Die Arten der Klassifizierung werden als Hybridisierungsgrad bezeichnet.

Tabelle 3.1: Klassifizierung nach Hybridisierungsgrad nach [44]

Bezeichnung	Leistung E-Maschine	Hybridisierungsgrad
Micro-Hybrid	2 - 3 kW	< 5 %
Mild-Hybrid	10 - 15 kW	5 - 10 %
Full-Hybrid	> 25 kW	10 - 50 %
Plug-In-Hybrid	> 25 kW	30 - 60 %
Range-Extender	> 40 kW	50 - 80 %
Elektro-Fahrzeug	> 40 kW	100 %

3.2 Simulation des Hybridantriebsstrangs

Zur Bewertung der Potenziale von verschiedenen Motorkonzepten in Fahrzyklen werden Antriebsstrangsimulationen eingesetzt. Das Ziel ist das Verhalten eines approximierten Systems hinsichtlich der Bewertungsgröße Kraftstoffverbrauch abschätzen zu können.

Die Antriebsstrangsimulation basiert auf dem in [37] beschriebenen quasistationären Ansatz. Die Berechnung erfolgt für diskrete Zeitschritte und die Eingangsgrößen werden über die jeweilige Zeitschrittweite dt als stationär angenommen. Es wird eine konstante Zeitschrittweite von $dt = 1$ s definiert.

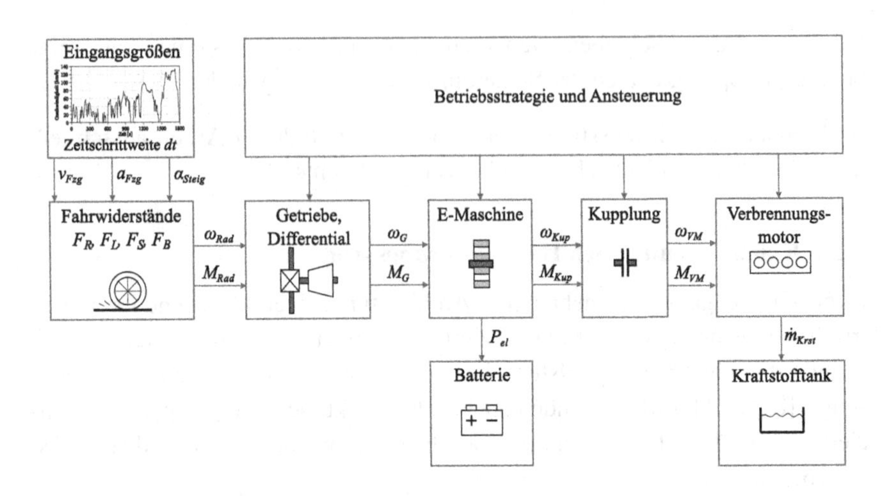

Abbildung 3.2: Berechnungsablauf beim rückwärtsgerichteten Ansatz am Beispiel eines P2-Hybrid-Modells, in Anlehnung an [60]

Als Basis der Berechnung wird ein Fahrprofil bestehend aus den Informationen Geschwindigkeit v_{Fzg}, Beschleunigung a_{Fzg} und Fahrbahnneigungswinkel α_{Steig} verwendet. Aus diesen Eingangsgrößen wird in jedem Zeitschritt anhand der Fahrwiderstandsgleichungen die erforderliche Zugkraft bzw. das dafür erforderliche Drehmoment am Rad berechnet. Um die erforderliche Leistung der Antriebskomponenten zu bestimmen, müssen zudem die Verluste im Antriebsstrang berechnet werden.

Bei dem rückwärtsgerichteten Ansatz erfolgt die Berechnung von der Anforderung am Rad ausgehend entlang des Antriebsstrangs über die drehmomentübertragenden Komponenten bis hin zum Verbrennungsmotor. Im Gegensatz zu einem vorwärtsgerichteten Ansatz ist kein Fahrerregler erforderlich. Allerdings kann deshalb nicht der Fall berücksichtigt werden, dass das Fahrzeug aufgrund seiner Antriebsleistung dem Fahrprofil nicht folgen kann. [31, 37]

Abbildung 3.2 zeigt schematisch den Berechnungsablauf beim rückwärtsgerichteten Ansatz am Beispiel eines P2-Hybridantriebsstrangs. Die Pfeile beschreiben die Richtung der Berechnung, nicht die Wirkrichtung. Die Aufgabe der Betriebsstrategie (BS) besteht darin, die verfügbaren Freiheitsgrade im Antriebsstrang bei gegebener Fahranforderung unter Beachtung der Grenzen des Systems festzulegen. Durch die Ansteuerung der EM entstehen bei Hybridfahrzeugen zusätzliche Freiheitsgrade, die durch den Einsatz verschiedener Hybridfunktionen genutzt werden können. Dafür verwendet die BS Steuergrößen, wodurch z.B. die Gangstufe oder die Drehmomentaufteilung festgelegt wird.

3.2.1 Modellierung der Komponenten

Für die Qualität der Aussagen einer Simulation ist neben der Wahl des Berechnungsansatzes und der Detaillierung des Fahrzeugmodells die Güte der Komponentenmodelle von Relevanz. In der Antriebsstrangsimulation kommt der Modellierung der einzelnen Komponenten VM, EM, Batterie und Getriebe(n) eine Schlüsselrolle zu. Der Kraftstoffverbrauch des VM wird in Form eines Kraftstoffmassenstromkennfeldes hinterlegt. Zudem wird eine Volllastkennlinie des Verbrennungsmotors zur Definition des fahrbaren Bereichs vorausgesetzt.

Die Verlustleistung einer E-Maschine ist ebenfalls von Drehzahl und Drehmoment abhängig. Die E-Maschine wird in Form eines Leistungskennfeldes modelliert. Das elektrische Leistungskennfeld wird ausgehend von der mechanischen Leistung in jedem Betriebspunkt durch die Addition der auftretenden Verlustleistung berechnet. Die Verluste der Leistungselektronik sind mit einbezogen. Für detaillierte Informationen zu E-Maschinen in Hybridfahrzeugen sei auf [44] verwiesen.

Die Batterie wird durch Anwendung verschiedener Parameter wie Maximalleistung, Batteriekapazität und Grenzen des Batterieladezustands modelliert. Die Effizienz der Batterie wird durch einen konstanten Lade- und Entladewirkungsgrad abgebildet.

In Getrieben entstehen bei der Übersetzung von Drehzahl und Drehmoment sowie beim Wechseln von Übersetzungen Verluste. In Abhängigkeit des eingelegten Gangs und der Drehzahl wird in der Simulation unter Vorgabe eines Kennfeldes das jeweilige Verlustmoment berücksichtigt. Achsgetriebe werden in gleicher Weise modelliert.

4 Bestpunktoptimierte Verbrennungsmotoren

4.1 Definition

Ein bestpunktoptimierter Verbrennungsmotor sei definiert als ein Motorkonzept, bei dem durch eine geänderte Prozessführung ein besonders hoher Wirkungsgrad im Bestpunkt erreicht wird. Zudem wird der Bestpunktbereich vergrößert. In dieser Arbeit werden Motorkonzepte untersucht, die das durch die Umsetzung einer verlängerten Expansion erreichen.

Um eine getrennte Beschreibung von Verdichtungs- und Expansionsverhältnis zu ermöglichen, sind weitere Definitionen erforderlich. Im Folgenden wird das auf den Kompressionshub bezogene Verdichtungsverhältnis als ε_K bezeichnet.

$$\varepsilon_K = \frac{V_{h,K} + V_{OT}}{V_{OT}} \qquad \text{Gl. 4.1}$$

Das Expansionsverhältnis ε_E ist auf den Expansionshub bezogen:

$$\varepsilon_E = \frac{V_{h,E} + V_{OT}}{V_{OT}} \qquad \text{Gl. 4.2}$$

Es sei angemerkt, dass sich in realen Motoren das thermodynamisch wirksame Verdichtungsverhältnis von dem geometrischen Verdichtungsverhältnis unterscheidet. Einflüsse wie z. B. Pleuelstauchung oder Temperatureffekte verändern das Volumen in OT. In der Simulation werden solche Effekte nicht berücksichtigt. Für ε_K ist somit bei gegebenem OT-Volumen V_{OT} das effektive Hubvolumen ausschlaggebend.

4.2 Das Prinzip der verlängerten Expansion

Eine verlängerte Expansion sei durch den Zusammenhang $\varepsilon_E > \varepsilon_K$ definiert. Durch die längere Expansionsphase kann gegenüber dem konventionellen Prozess mehr Volumenänderungsarbeit gewonnen werden, sodass der indizierte Wirkungsgrad ansteigt. Zum Erhalt einer verlängerten Expansion ist ein mechanisches oder thermodynamisches Umsetzungsprinzip erforderlich, das eine Entkoppelung von Verdichtungsverhältnis und Expansionsverhältnis realisiert.

M. Langwiesner, *Konzepte für bestpunktoptimierte Verbrennungsmotoren innerhalb von Hybridantriebssträngen*, Wissenschaftliche Reihe Fahrzeugtechnik Universität Stuttgart, https://doi.org/10.1007/978-3-658-22893-4_4

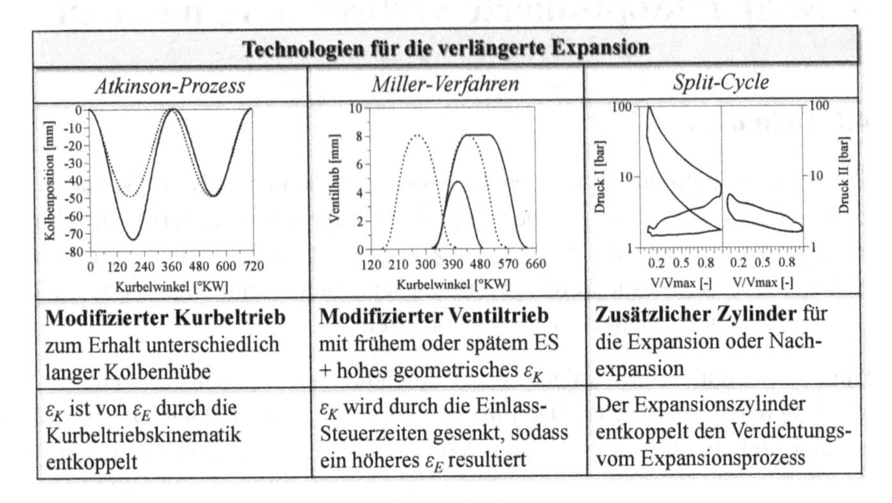

Technologien für die verlängerte Expansion		
Atkinson-Prozess	*Miller-Verfahren*	*Split-Cycle*
Modifizierter Kurbeltrieb zum Erhalt unterschiedlich langer Kolbenhübe	**Modifizierter Ventiltrieb** mit frühem oder spätem ES + hohes geometrisches ε_K	**Zusätzlicher Zylinder** für die Expansion oder Nachexpansion
ε_K ist von ε_E durch die Kurbeltriebskinematik entkoppelt	ε_K wird durch die Einlass-Steuerzeiten gesenkt, sodass ein höheres ε_E resultiert	Der Expansionszylinder entkoppelt den Verdichtungs- vom Expansionsprozess

Abbildung 4.1: Umsetzungsmöglichkeiten der verlängerten Expansion

Einen Überblick über die technischen Lösungen liefert Abbildung 4.1. Die Umsetzungen unterscheiden sich deutlich in ihrer Art, sodass eine verlängerte Expansion beim Atkinson-Prozess über einen modifizierten Kurbeltrieb und beim Miller-Verfahren über einen modifizierten Ventiltrieb herbeigeführt wird. Als dritte Möglichkeit ist das Split-Cycle-Prinzip zu nennen, bei welchem die Expansionsphase ganz oder zum Teil in einem zusätzlichen Expansionszylinder stattfindet. Dafür ist eine entsprechend geänderte Strömungsführung erforderlich. Von der technischen Umsetzung hängt wiederum ab, wie groß ε_E bei einem gegebenen Verdichtungsverhältnis gewählt werden kann.

Entsprechend dieser Kategorisierung werden in diesem Kapitel die drei Umsetzungsarten allgemein beschrieben und die Schlüsselfaktoren bei der Auslegung der Konzepte erläutert. Im weiteren Verlauf der Arbeit werden diese als Atkinson-, Miller- und 5-Takt-Konzept bezeichnet. Die Konzepte basieren auf verschiedenen Serienmotoren, im weiteren Verlauf als Basismotor bezeichnet.

4.3 Basismotoren

Alle Konzepte basieren auf Motoren mit Turboaufladung der Daimler AG.

Tabelle 4.1: Technische Daten von Basismotor 1

Motorkenngrößen	
Bezeichnung	Basismotor 1
Hubraum	1331 cm^3
Zylinderabstand	85 mm
Bohrung	72.2 mm
Hub	81.3 mm
Verdichtungsverhältnis	10.5
Hub-/Bohrungsverhältnis	1.13
VÖD Einlass/Auslass (2 mm)	jeweils 165 °KW
Ventilhub Einlass/Auslass	jeweils 8 mm
effektive Leistung	100 kW@5500 min^{-1}

Tabelle 4.2: Technische Daten von Basismotor 2

Motorkenngrößen	
Bezeichnung	Basismotor 2
Hubraum	1498 cm^3
Zylinderabstand	90 mm
Bohrung	75.8 mm
Hub	83 mm
Verdichtungsverhältnis	10.5
Hub-/Bohrungsverhältnis	1.10
VÖD Einlass/Auslass (2 mm)	165 °KW/ 180 °KW
Ventilhub Einlass/Auslass	jeweils 8 mm
effektive Leistung	150 kW@5500 min^{-1}

4.4 Verlängerte Expansion über den Kurbeltrieb

Der Erfinder James Atkinson entwickelte bereits im Jahre 1887 eine Verbrennungskraftmaschine mit verlängerter Expansion. Seine Intention war, die von Nikolaus Otto angemeldeten Patente auf das Viertaktprinzip nicht zu verletzen, weshalb sein Kurbeltrieb über ein zusätzliches Gelenkgetriebe verfügt.

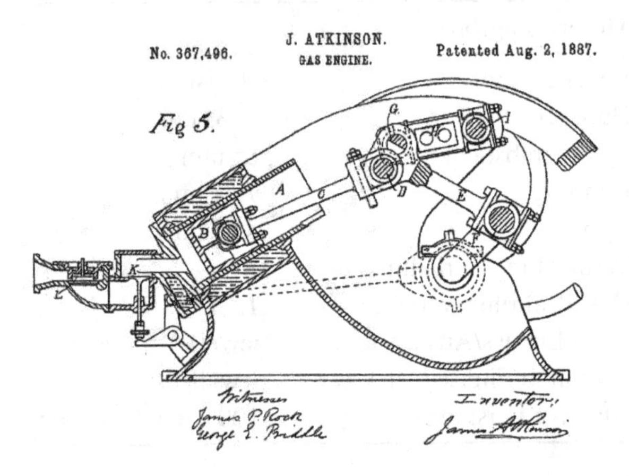

Abbildung 4.2: Technische Zeichnung des Atkinson-Motors von 1887 [4]

Somit werden vier Takte mit nur einer Kurbelwellenumdrehung abgeschlossen. Diese Erfindung gilt als der Grundstein der verlängerten Expansion.

Generell ist der so genannte Atkinson-Prozess durch einen verlängerten Kolbenhub in den Takten *Expandieren/Ausschieben* gegenüber den Takten *Ansaugen/Verdichten* gekennzeichnet. Das Expansionsvolumen wird gegenüber dem Ansaug- und Verdichtungsvolumen durch die Kurbeltriebskinematik proportional zur Hubverlängerung erhöht. Um ein Maß für diese Expansionsverlängerung festzulegen, wird das *Expansion Compression Ratio (ECR)* definiert. Es wird durch das Verhältnis der entsprechenden Hubvolumina von Expansion zu Kompression gebildet:

$$\mathrm{ECR} = \frac{V_{h,E}}{V_{h,K}} \qquad \text{Gl. 4.3}$$

Die Größe des Expansionsverhältnisses ist von diesem Zusammenhang und einem gegebenen Verdichtungsverhältnis ε_K abhängig:

$$\varepsilon_E = \mathrm{ECR} \cdot (\varepsilon_K - 1) + 1 \qquad \text{Gl. 4.4}$$

Um eine große Steigerung von ε_E gegenüber ε_K zu erreichen, ist daher eine Kinematik mit entsprechend hohem ECR notwendig. Für eine anschauliche Darstellung des Atkinson-Prozesses als Vergleichsprozess dient Abbildung 4.3.

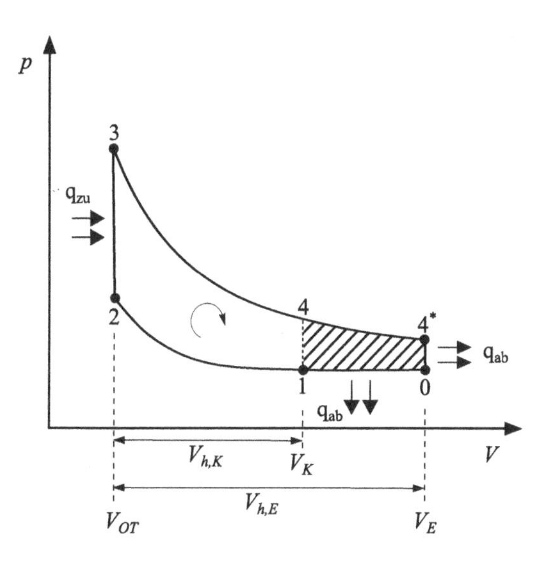

Abbildung 4.3: Der Atkinson-Gleichraumprozesses im pV-Diagramm

Der konventionelle Gleichraumprozess ist durch den Verlauf 1-2-3-4 und der Atkinson-Prozess durch den Verlauf 1-2-3-4*-0 gekennzeichnet.

Der Atkinson-Prozess wandelt den in Punkt 4 im Zylinder verbliebenen Druck durch den längeren Expansionshub in zusätzliche Volumenänderungsarbeit um. Der Ladungswechsel wird als eine Kombination aus isochorer (4*-0) und isobarer Zustandsänderung (0-1) angenommen. Der thermische Wirkungsgrad des Atkinson-Prozesses ist nach [2] mit dem Druckverhältnis $\psi = p_3/p_2$ wie folgt definiert:

$$\eta_{th} = 1 - \frac{\psi \cdot \varepsilon_E^{1-\kappa} + \varepsilon_E \cdot \varepsilon_K^{-\kappa}(\kappa - 1) - \kappa \cdot \varepsilon_K^{1-\kappa}}{\psi - 1} \qquad \text{Gl. 4.5}$$

In der Literatur sind weitere Definitionen vorzufinden. Beispielsweise definiert Pertl [74, 75] eine vollständige isentrope Expansion bis auf den Umgebungsdruck, wonach sich eine andere Definition des idealen Wirkungsgrades ergibt. Die Expansion bis auf den Umgebungsdruck setzt ein sehr großes Expansionsverhältnis voraus. Dagegen ist kritisch einzuwenden, dass die daraus resultierenden Hubverhältnisse unter Berücksichtigung des in einem Kraftfahrzeug zur Verfügung stehenden Bauraums nicht umsetzbar sind. Aus diesem Grund wird die obige Definition als zutreffender angesehen.

Im Folgenden soll veranschaulicht werden, wie sich die Wirkungsgrade dieses Atkinson-Gleichraumprozesses ($\varepsilon_E > \varepsilon_K$) im Vergleich zu dem konventionellen Gleichraumprozess ($\varepsilon_E = \varepsilon_K$) verhalten. Anhand Abbildung 4.4 können die Wirkungsgrade auf Basis verschiedener Verdichtungsverhältnisse verglichen werden.

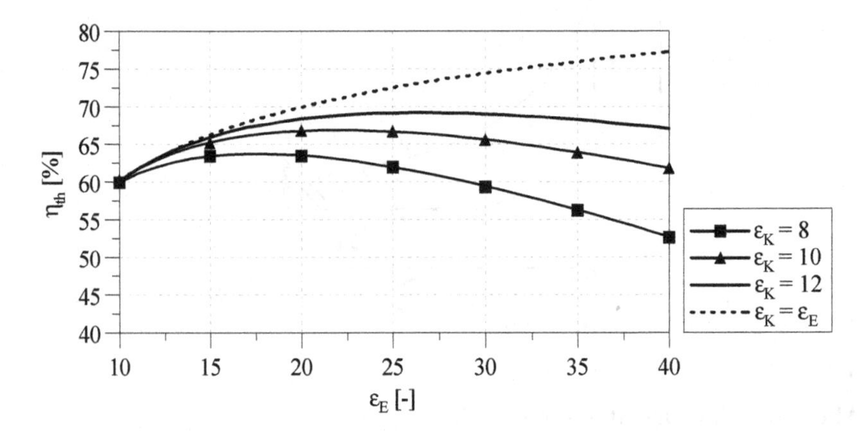

Abbildung 4.4: Wirkungsgrad des Atkinson-Prozesses, $\kappa = 1.4$, $\rho = 3$

Wird ein Atkinson-Prozess mit $\varepsilon_K = 10$ und $\varepsilon_E = 15$ definiert, resultiert ein Wirkungsgrad von $\eta_{th} = 65.2\,\%$. Im Vergleich zum Gleichraumprozess mit $\varepsilon_K = \varepsilon_E = 10$ ($\eta_{th} = 60.2\,\%$) steigt der Wirkungsgrad durch den Atkinson-Prozess um relative 8,3 %. Der Gleichraumprozess mit $\varepsilon_K = \varepsilon_E = 15$ hat zwar einen noch höheren Wirkungsgrad, ist jedoch aufgrund des hohen Verdichtungsverhältnisses in einem Ottomotor aufgrund der damit einhergehenden Klopfgefahr nicht umsetzbar.

4.4.1 Technologiestatus Atkinson

Im Automotive-Bereich sind bisher noch keine Umsetzungen bekannt. Aufgrund der steigenden Anzahl an Veröffentlichungen ist jedoch ein wachsendes Interesse an Atkinson-Motoren zu vernehmen.

Die stetige Entwicklung eines Einzylinder-Atkinson-Motors von Honda ist [55, 56, 114] zu entnehmen. Dieser Motor mit ECR = 1.48 wird mittlerweile in Serie produziert und als Antrieb für den Generator in einem Blockheizkraftwerk [105] unter dem Namen EXlink vermarktet.

An der TU Graz wurde ein Zweizylinder-Prototyp mit ECR = 2.06 mit Hilfe von Simulationen ausgelegt [75]. Die experimentellen Untersuchungen des Prototypen sind in [76, 77] aufgeführt. Die Bedeutung eines variablen Ventiltriebs, besonders zur Vermeidung von Negativauswirkungen einer Überexpansion auf den Ladungswechsel, wird in [107] beschrieben.

4.4.2 Motorauslegung

Als Richtwert für die effektive Leistung des Atkinson-Konzepts wird ein Wert von 100 kW festgelegt. Somit wird Basismotor 1, ein aufgeladener Vierzylinder-Motor mit einem Hub von 81.3 mm und einem Gesamthubvolumen von 1.33 L, ausgewählt. Der Motor zeichnet sich durch seine tendenziell langhubige Auslegung aus. Dadurch wird die Bildung tumbleförmiger Ladungsbewegung begünstigt, welche wiederum zu einem hohen Turbulenzniveau und folglich zu einer schnellen Brenngeschwindigkeit führt. Die wichtigsten technischen Daten des Aggregats sind in Tabelle 4.1 aufgelistet.

Der wichtigste Konzeptionsschritt ist die Auslegung einer Kinematik, die wiederum durch die Geometrie des Kurbeltriebs festgelegt wird. Dabei steht die Frage im Vordergrund, welches ECR angestrebt werden sollte. Eigenen Untersuchungen zufolge [58] existiert kein eindeutiges Optimum für die Wahl des ECR, vor allem weil die mögliche Wirkungsgradsteigerung von dem Druckverhältnis ψ bzw. somit von der Motorlast abhängig ist. Nach [74] steigt der Wirkungsgradvorteil bei Volllast bis zu einem Wert von 2, allerdings steigen dabei sukzessive die Nachteile im Teillastbereich an.

Nach einer Abschätzung der maximal zulässigen Motorbauhöhe für frontgetriebene Baureihen wird für das Atkinson-Konzept ein maximaler Kolbenhub von 91.5 mm festgelegt. Wenn der Basis-Hub in den Takten Ansaugen und Verdichten beibehalten werden würde, wäre durch die Expansion bis zum festgelegten Maximalhub eine Expansionsverlängerung von ECR = 1.13 möglich. Nach Sichtung theoretischer Untersuchungen [75], [2], [95] und den Gleichungen 4.4 und 4.5 verspricht dieser Wert keine nennenswerten Wirkungsgradvorteile. Für eine größere Spreizung zwischen dem Verdichtungs- und Expansionsverhältnis muss der Ansaug- und Verdichtungshub durch die Kinematik verkürzt werden. Zum Erhalt der Motorleistung muss der Aufladegrad entsprechend gesteigert werden. Somit ergibt sich bei diesem Konzept mit zunehmendem ECR eine erhöhte Belastung durch hohe Zylinderdrücke. Daher wird als Richtwert ECR = 1.4 festgelegt. Die beschriebenen Hubverhältnisse werden in Abbildung 4.5 veranschaulicht.

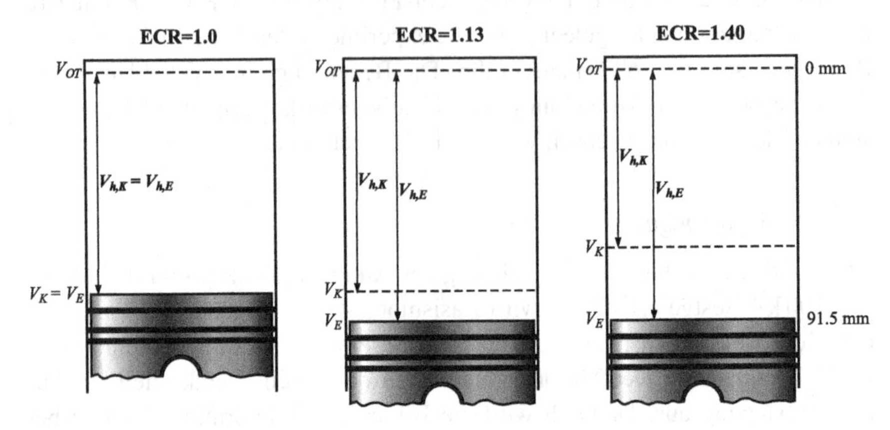

Abbildung 4.5: Auslegung des Atkinson-Konzepts

Es sind verschiedene mechanische Umsetzungen von Atkinson-Kurbeltrieben aus der Literatur bekannt. Planetenradgetriebe [5], [75] bilden die Ausnahme, die meisten Umsetzungen verfügen über ein Gelenkgetriebe [43, 55, 56, 69, 114], das im Folgenden als Multilink-Kurbeltrieb bezeichnet wird.

Abbildung 4.6: Multilink-Kurbeltrieb eines Vierzylindermotors [89]

Für diese Arbeit wird eine kompakte Bauweise eines Multilink-Kurbeltriebs, ähnlich wie in [14], angestrebt. Der Entwurf des Kurbeltriebs wurde unter Vorgabe der kinematischen Randbedingungen in einer Konstruktionsabteilung der Daimler AG ausgeführt und ist in Abbildung 4.6 veranschaulicht. Der Antrieb der Nebenwelle, die von der Kurbelwelle mit einer Übersetzung von $i = -0.5$ angetrieben wird, ist nicht dargestellt. Aus der Kurbeltriebskinematik resultiert der in Abbildung 4.7 dargestellte Kolbenverlauf.

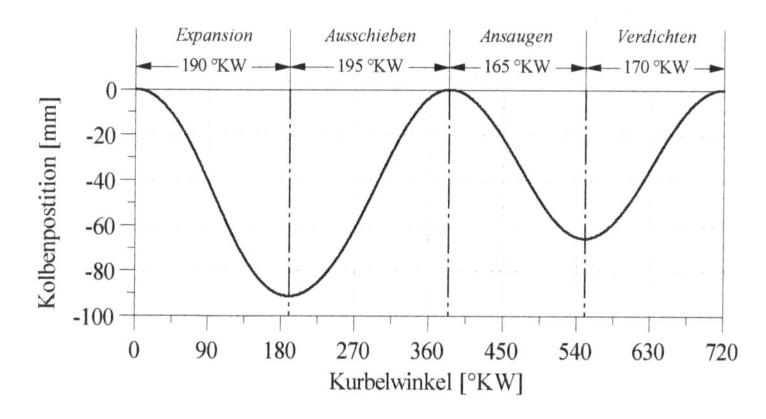

Abbildung 4.7: Kolbenhubverlauf des Atkinson-Konzepts

Der dargestellte Kolbenverlauf beinhaltet einen entsprechenden Kurbelwinkelversatz, sodass der ZOT bei 0 °KW liegt. Bei einer Atkinson-Kinematik tritt neben der Veränderung der Hublängen ein Nebeneffekt, der sich durch eine Phasenverschiebung der Totpunkte äußert, auf. Dies ist allgemein bei der Wahl von Steuerzeiten zu beachten. Die Dauer der einzelnen Arbeitstakte weichen von einem konventionellen Arbeitstakt (180 °KW) ab und unterscheiden sich zudem untereinander. Der Ansaugtakt ist um 15 °KW, der Verdichtungstakt um 10 °KW verkürzt. Die Dauer des Expansionstakts nimmt um 10 °KW, die des Ausschiebetakts um 15 °KW zu. Dies ist bei der Wahl von geeigneten Nockengeometrien zu beachten. In Tabelle 4.3 sind die Eckdaten der Kinematik aufgelistet.

Unter Beachtung von Gl. 4.1 sei angemerkt, dass durch eine Verkürzung des Ansaughubes $V_{h,K}$ das Verdichtungsverhältnis ε_K reduziert wird. Um weiterhin einen Wert von $\varepsilon_K = 10.5$ zu erreichen, muss auch das OT-Volumen V_{OT} entsprechend reduziert werden. Dadurch ist im Vergleich zu Basismotor 1 ein Anstieg des Spitzendruckniveaus zu erwarten.

Tabelle 4.3: Kenngrößen der konstruierten Atkinson-Kinematik

Kenngrößen	
ECR	1.39
Ansaug-/Verdichtungshub	65.78 mm
Expansions-/Ausschiebehub	91.5 mm
Verdichtungsverhältnis	ε_K: 10.5
Expansionsverhältnis	ε_E: 14.2
ZOT-Lage	0 °KW
GOT-Lage	385 °KW

4.4.3 Problemstellung Wandwärmeübergang

In [95] wird die Problemstellung erläutert, dass durch die verlängerte Expansion ein veränderter Wandwärmeübergang zu erwarten ist. Um den Wärmeübergang in der Simulation korrekt zu bewerten, muss der Einfluss der Kinematik von dem verwendeten Wärmeübergangsmodell korrekt erfasst werden.

Bei Verwendung des Modells nach Woschni wird die wärmeübergangsrelevante Gasgeschwindigkeit proportional zur mittleren Kolbengeschwindigkeit berechnet. Jedoch ist bei dem Atkinson-Konzept die mittlere Kolbengeschwindigkeit im Expansionstakt deutlich größer als im Kompressionstakt. Die Anwendbarkeit des Ansatzes nach Woschni für Atkinson-Kurbeltriebe ist somit nicht gegeben.

In dieser Arbeit wird das Modell nach Bargende (siehe Kapitel 2.6.1) verwendet, damit der Einfluss der Kinematik korrekt erfasst wird. In Kapitel 5.4 wird zudem eine Validierung dieses Wärmeübergangsmodells für Motoren mit verlängerter Expansion über den Kurbeltrieb anhand experimenteller Untersuchungen des Honda EXlink [46] vorgestellt.

4.4.4 Berechnung der Ladungswechselverluste

Zur Berechnung der Ladungswechselverluste wird in der Simulation üblicherweise die UT-UT-Methode [98, 116] verwendet. Da sich bei einem echten Atkinson-Prozess in den unteren Totpunkten die Zylindervolumina unterscheiden, ergibt sich mit dem Rechenprinzip eine höhere Ladungswechselarbeit. Wie in Abbildung 4.8 im linken Diagramm veranschaulicht ist, erstreckt sich im Differenzbereich der unteren Totpunkte die für die Ausschiebearbeit repräsentative Fläche bis zur Nulllinie. Rein rechnerisch mag dies zwar korrekt sein, allerdings ist aufgrund der höheren Werte keine gute Vergleichbarkeit mit konventionellen Kurbeltriebskonzepten gegeben.

Aus diesem Grund wird für das Atkinson-Konzept eine Anpassung der UT-UT-Methode vorgeschlagen (rechtes Diagramm). Durch das Einfügen einer Isobaren analog zum idealen Atkinson-Prozess (vgl. Abbildung 4.3 zwischen den Punkten 0 und 1) kann die Ladungswechselarbeit korrigiert werden.

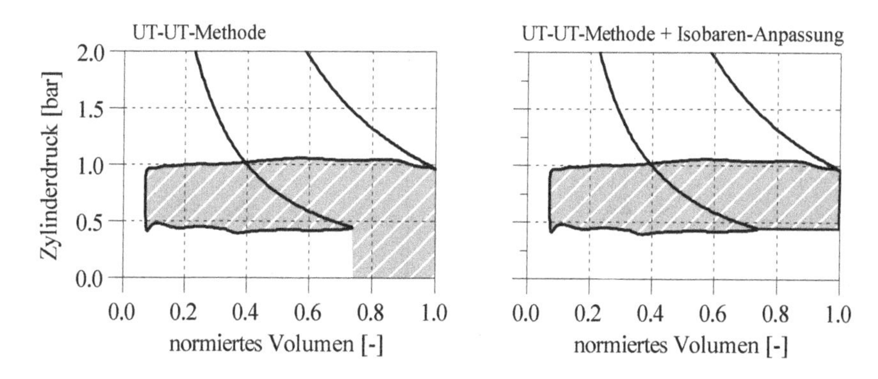

Abbildung 4.8: Anpassung der UT-UT-Methode zur Berechnung der Ladungswechselarbeit für einen Atkinson-Prozess

Durch diese Anpassung wird betragsmäßig sowohl die HD-, als auch die LW-Arbeit reduziert. Da die HD- und LW- Arbeit unterschiedliche Vorzeichen aufweisen, ändert sich die über das gesamte Arbeitsspiel berechnete Volumenänderungsarbeit nicht. Damit ist der berechnete indizierte Mitteldruck $p_{m,i}$ von der Anpassung nicht betroffen und gleichzeitig eine bessere Vergleichbarkeit der Ladungswechselarbeit zu konventionellen Konzepten möglich.

4.5 Verlängerte Expansion über den Ventiltrieb

Eine weitere Möglichkeit zur Umsetzung einer verlängerten Expansion ist über den Ventiltrieb durch das so genannte Miller-Verfahren gegeben. Dieses Verfahren basiert auf einer Erfindung von Ralph Miller [67] aus dem Jahr 1952, bei der ein Verbrennungsmotor eine Ventiltriebsstrategie mit deutlich nach früh oder spät verschobenen Einlass-Schließt-Steuerzeiten verwendet.

Bei dem frühen Einlassschluss (FES) wird das Einlassventil bereits während des Ansaugvorgangs geschlossen, wodurch nur ein Teil der theoretisch möglichen Füllung in den Zylinder strömen kann. Die Ladung wird expandiert und anschließend wieder verdichtet. Bei spätem Einlassschluss (SES) wird ein Teil der bereits angesaugten Ladung zu Beginn des Verdichtungsvorgangs wieder aus dem Zylinder zurück in den Einlasskanal geschoben. Wie in in Abbildung 4.9 veranschaulicht, ergibt sich in beiden Fällen ein verkürztes effektives Ansaughubvolumen.

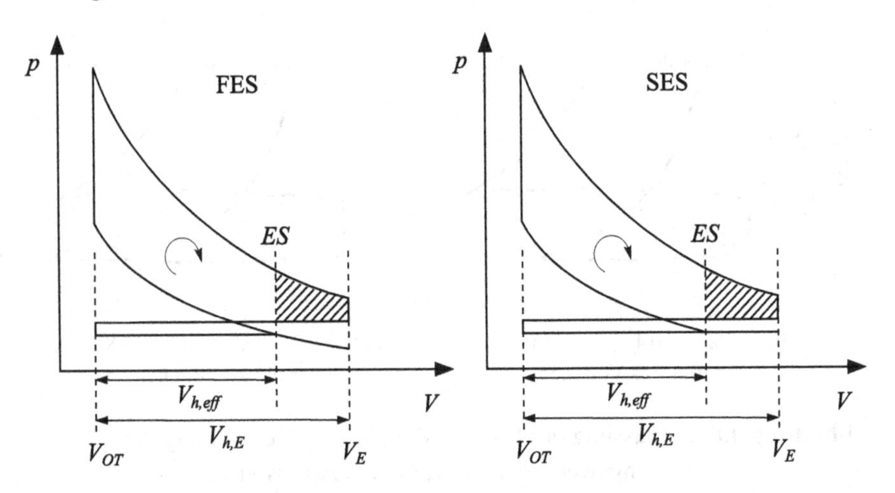

Abbildung 4.9: Schematische Darstellung des Miller-Verfahrens

Das reduzierte Ansaug-/Verdichtungshubvolumen $V_{h,eff}$ hat eine Absenkung des effektiven Verdichtungsverhältnisses zur Folge [96, 97]. Das Expansionsverhältnis entspricht weiterhin dem geometrischen Verdichtungsverhältnis, da der Expansionshub durch das Verfahren nicht verändert wird. Dadurch entsteht entsprechend der Definition in Kapitel 4.2 ein Prozess mit verlängerter Expansion. Das Maß der gegenüber der Kompressionsphase verlängerten Expansion wird durch das Miller-Verhältnis γ charakterisiert, welches analog zum Atkinson-Prozess definiert ist:

$$\gamma = \frac{V_{h,E}}{V_{h,eff}} \qquad \text{Gl. 4.6}$$

Durch das Miller-Verfahren ergeben sich unterschiedliche thermodynamische Stellhebel, sodass es für verschiedene Zielsetzungen ausgelegt werden kann. Die verschiedenen Zielsetzungen des Miller-Verfahrens sind:

Miller zur Erhöhung der spezifischen Leistung:
Die ursprüngliche Idee von Miller ist die Absenkung des Verdichtungsverhältnisses für einen höheren Aufladegrad zu nutzen. Der Temperaturvorteil des geringeren Verdichtungsverhältnisses kann nur bei Einsatz eines Ladeluftkühlers genutzt werden, der dazu in der Lage ist die erhöhte Verdichteraustrittstemperatur auszugleichen [97]. Die Aufteilung der Verdichtung zwischen Verdichter und Zylinder muss demzufolge weiter auf die Seite des Verdichters verschoben werden. Ob der Wirkungsgrad des Gesamtsystems besser wird, hängt von den Verhältnissen an der Turbine ab [22], denn ein bedingt höheres Turbinendruckverhältnis und damit verbunden höhere Ladungswechselverluste mindern das Potenzial.

Miller als Entdrosselungsmaßnahme:
Da durch Miller-Steuerzeiten eine Reduktion des effektiven Ansaughubvolumens stattfindet, ist zum Erhalt der gleichen Ladungsmasse im Zylinder ein höherer Saugrohrdruck notwendig als bei konventionellen Steuerzeiten. Dieser Effekt kann daher im Teillastbereich dazu genutzt werden, die Ladungswechselverluste zu reduzieren. Durch die weitere Öffnung der Drosselklappe wird die Androsselung reduziert. Bei der Zielsetzung des Miller-Verfahrens als Entdrosselungsmaßnahme wird außerhalb des Teillastbereichs auf eine konventionelle Nockenform umgeschaltet, da anderenfalls die Leistungsfähigkeit des Verbrennungsmotors eingeschränkt wird.

Verlängerte Expansion zur Erhöhung des Motorwirkungsgrades:
Aufgrund der Absenkung des effektiven Verdichtungsverhältnisses durch das Miller-Verfahren kann eine Steigerung des geometrischen Verdichtungsverhältnisses vorgenommen werden [90]. Auf diese Weise kann das Expansionsverhältnis gesteigert und somit der Motorwirkungsgrad im gesamten Kennfeld verbessert werden.

Bekanntermaßen sind die zwei erstgenannten Zielsetzungen für diese Arbeit nicht von Interesse. Aus der letztgenannten Zielsetzung hingegen ergibt sich die Möglichkeit, mittels dem Miller-Verfahren einen Motor auszulegen, der einem Atkinson-Konzept gleicht. Daher wird hier diese Zielsetzung verfolgt.

4.5.1 Technologiestatus Miller

Es existieren bereits einige Serienanwendungen des Miller-Verfahrens zur Reduktion der Ladungswechselverluste im Teillastbereich. Eine praktische Umsetzung mit Ventilhubumschaltung wird in [64, 68] vorgestellt. Mit einem vollvariablen Ventiltrieb ist in [109] und [88] im gesamten Teillastbereich eine drosselfreie Lastregelung möglich [22, 67].

Die Umsetzung der verlängerten Expansion mit dem Miller-Verfahren ist ebenfalls aus Serienanwendungen bekannt. Von Audi [119] und VW [21] wurden bereits aufgeladene Ottomotoren mit FES-Strategie vorgestellt. Das geometrische Verdichtungsverhältnis ist bei Audi mit einem Wert von $\varepsilon = 11.7$, bei VW mit einem Wert von $\varepsilon = 12.5$ höher als bei vergleichbaren Serienmotoren ohne Miller-Verfahren. Motoren ohne Aufladung und mit SES-Strategie werden z.B. von Toyota [53, 104] und Hyundai [49] gebaut. Diese Motoren weisen jeweils ein Verdichtungsverhältnis von $\varepsilon = 13$ auf und werden bereits in Hybridfahrzeugen eingesetzt.

4.5.2 Terminologie

In der Literatur wird häufig FES als Miller- und SES als Atkinson-Verfahren bezeichnet. Die Vermischung der Begriffe stößt häufig auf Unklarheiten, weshalb an dieser Stelle eine Klärung der Terminologie durchgeführt wird.

1982 wurde ein Motor mit SES-Strategie von Luria [62] konsequent als Otto-Atkinson-Motor bezeichnet. [96] geht davon aus, dass Luria den Beginn dieser terminologischen Unterscheidung verantwortet. Der von Miller bereits 30 Jahre früher beschriebene Motor [67] verfügt neben frühen jedoch auch über späte ES-Steuerzeiten. Miller beschreibt also schon früher die Eigenschaften der SES-Strategie.

Folglich wird in der vorliegenden Arbeit die Terminologie gewählt, bei der sowohl FES als auch SES dem Miller-Verfahren zugeordnet wird. Es sei hervorgehoben, dass unter Idealprozess-Annahmen beide durch Miller-Strategien erhaltenen Motorprozesse dem Atkinson-Prozess äquivalent sind [96]. Historisch bedingt geht also der thermodynamische Prozess mit verlängerter Expansion auf Atkinson, die Realisierung über den Ventiltrieb auf Miller zurück.

4.5.3 Charakterisierung von Miller-Strategien

Unter Charakterisierung wird die Bildung einer Kennzahl verstanden, die es erlaubt den durch eine Miller-Strategie entstehenden Motorprozess mit einem Atkinson-Prozess zu vergleichen. Zur Charakterisierung wird das Miller-Verhältnis γ verwendet. Dafür muss das effektive Hubvolumen $V_{h,eff}$ bestimmt werden. Eine einfache Möglichkeit besteht darin, für $V_{h,eff}$ das aktuelle Hubvolumen zum Zeitpunkt ES zu verwenden. Das schränkt jedoch die Vergleichbarkeit unterschiedlicher Motoren ein, sobald sich die Ventilhubprofile oder der Referenzventilhub für die Angabe der Steuerzeiten unterscheiden [22].

Bei FES beginnt die Expansion bzw. bei SES die Kompression bevor das Ventil vollständig geschlossen ist. Zudem ergeben sich bei dem Miller-Verfahren während des Ventilschließens andere Strömungsbedingungen am Ventil. Im Vergleich zu konventionellen Steuerzeiten nahe OT findet der Ventilschluss beim Miller-Verfahren bei einer deutlich höheren Kolbengeschwindigkeit statt, wie in Abbildung 4.10 verdeutlicht wird. Damit ist das durchlaufene Hubvolumen während der Ventilschließphase deutlich größer.

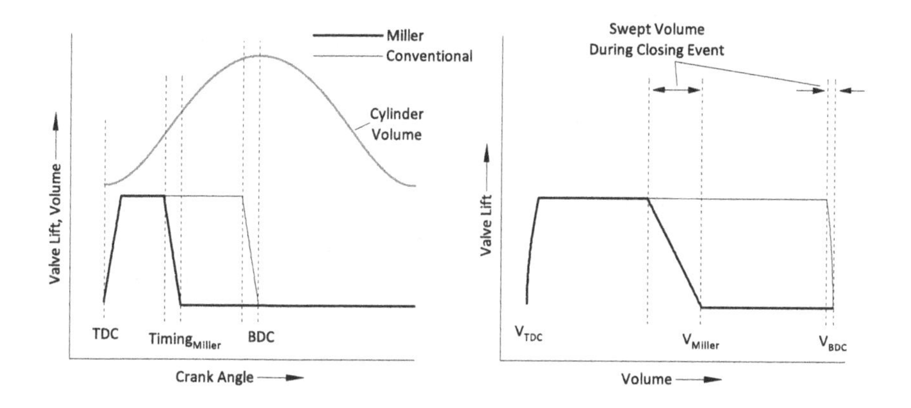

Abbildung 4.10: Korrelation von Ventilhub und Kolbenbewegung [96]

Bei der Bestimmung von $V_{h,eff}$ muss daher unbedingt die Abhängigkeit des Strömungsbeiwertes vom Ventilhub mit berücksichtigt werden. Dies wird z. B. bei dem Ansatz nach [54] zur Bestimmung des effektiven Kompressionsbeginns durch die grafische Analyse eines pV-Diagramms berücksichtigt. Da sich eine grafische Analyse zum Zwecke der Auslegung eines Miller-Konzepts mittels Simulation als unpraktisch erweist, wird nun ein Berechnungsverfahren als Alternative zur Bestimmung des effektiven Hubvolumens vorgeschlagen:

Das thermodynamisch wirksame Verdichtungsverhältnis wird im geschleppten Betrieb bestimmt. Dazu wird das effektive Volumen über die nach Abschluss des Ladungswechsels im Zylinder befindliche Luftmasse berechnet. Auf diese Weise kann der ventilhubabhängige Einfluss der Ventildurchflusskoeffizienten korrekt berücksichtigt werden.

$$V_{h,eff} = \frac{m_{Luft,Zyl}}{\rho_{Luft,EK}} - V_{OT} \qquad \text{Gl. 4.7}$$

Als Dichte der Frischladung wird die Dichte im Einlasskanal $\rho_{Luft,EK}$ verwendet. Das effektive Verdichtungsverhältnis ε_{eff} ergibt sich wie folgt:

$$\varepsilon_{eff} = \frac{V_{h,eff} + V_{OT}}{V_{OT}} \qquad \text{Gl. 4.8}$$

Diese Methode wird in dieser Arbeit zur Auswertung von Schleppsimulationen mit verschiedenen Miller-Ventilhubprofilen verwendet (vgl. Anhang, Abbildung A1.2). Aus den Ergebnissen geht hervor, dass ε_{eff} sehr genau mit den Werten übereinstimmt, bei denen das effektive Volumen über die Steuerzeiten bezogen auf 2 mm bestimmt wurde. Aus diesem Grund wird im Rahmen der folgenden Motorauslegung der Ventilschluss bezogen auf 2 mm Hub verwendet, um die für die Einstellung eines effektiven Verdichtungsverhältnisses entsprechenden Ventilhubkurven zu definieren.

4.5.4 Motorauslegung

Es wird eine Auslegung angestrebt, mit der eine bestmögliche Vergleichbarkeit zu dem Atkinson-Konzept gegeben ist. Durch das Miller-Verfahren muss aus thermodynamischer Sicht ein Motorprozess mit verlängerter Expansion erreicht werden, dessen Spreizung von Verdichtungs- und Expansionsverhältnis dem Atkinson-Konzept gleicht. Darüber hinaus müssen die geometrischen Randbedingungen wie Hub, Bohrung und OT-Volumen identisch sein. Als Auslegungsgrundlage wird für das Miller-Konzept ebenfalls Basismotor 1 ausgewählt.

Daraus ergeben sich für das Miller-Konzept die folgenden Randbedingungen:

- Hubverlängerung von 81.3 mm (Basis) auf 91.5 mm (Atkinson)
- Anhebung des geometrischen Verdichtungsverhältnisses auf $\varepsilon = 14.2$
- Miller-Verhältnis $\gamma = 1.39$

Durch die Hubverlängerung ergibt sich mit einem Wert von 1.27 ein sehr großes Hub-/Bohrungsverhältnis. Entsprechend der Randbedingungen muss allerdings das effektive Hubvolumen des Miller-Konzepts dem Ansaughubvolumen des Atkinson-Motors entsprechen. Somit müssen die ES-Steuerzeiten bestimmt werden, bei denen das Ansaughubvolumen entsprechend reduziert wird und sich ein effektives Verdichtungsverhältnis von $\varepsilon_{eff} = 10.5$ ergibt.

In Abbildung 4.11 links wird die Bestimmung der ES-Steuerzeiten veranschaulicht. EÖ (bezogen auf 2 mm Hub) liegt bei 360 °KW. Die ES-Steuerzeiten sowie die dafür erforderlichen Öffnungsdauern für die FES- und SES-Strategie sind in Tabelle 4.4 aufgeführt. Anhand der Steuerzeiten und Ventilöffnungsdauer (VÖD) können die Ventilhubprofile definiert werden.

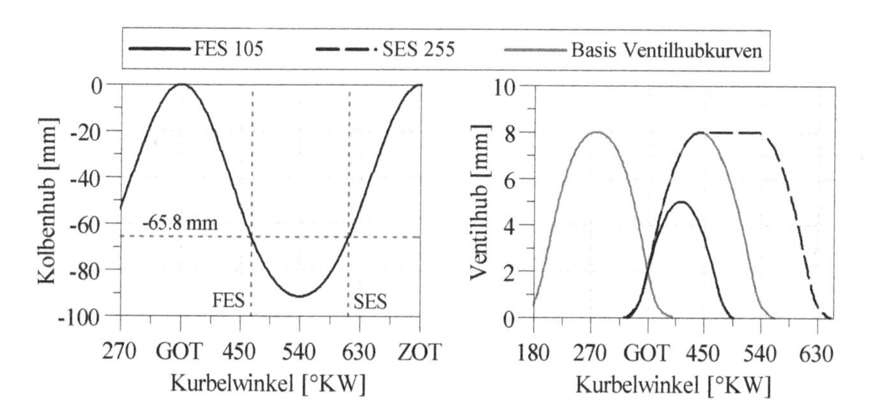

Abbildung 4.11: Auslegung der Miller-Ventilhubkurven

Die Gestaltung der Ventilhubprofile wurde nach den Richtlinien des ruckfreien Nockens [110] durchgeführt. Das FES-Ventilhubprofil hat einen deutlich verringerten Ventilhub, um ein Ansteigen der maximalen Ventilbeschleunigung zu verhindern.

Ob eine FES- oder SES-Strategie angewendet werden soll, hängt von verschiedenen Faktoren ab. Aus thermodynamischer Sicht ist FES günstiger, da bei

Tabelle 4.4: Kenngrößen des Miller-Ventiltriebs

Miller-Strategie	ES	VÖD
FES	455 °KW n. OT	105 °KW
SES	615 °KW n. OT	255 °KW

SES die im Zylinder erwärmte Frischladung in den Einlasskanal zurückströmt und somit die temperaturabsenkende Wirkung verringert wird [97]. In [90] wird festgestellt, dass die Klopfneigung aus diesem Grund durch die FES-Strategie weiter reduziert werden kann als durch die SES-Strategie. Bei der FES-Strategie ergeben sich aufgrund des geringeren Ventilhubs im Mittel geringere Ventildurchflussbeiwerte als bei SES. Bei aufgeladenen Motoren wird die spezifische Leistung vor allem von dem Aufladeaggregat bestimmt.

Für das auszulegende Konzept mit Aufladung wird die FES-Strategie festgelegt. Das Ventilhubprofil mit der Ventilöffnungsdauer von 105 °KW wird im gesamten Kennfeld verwendet.

4.6 Verlängerte Expansion mittels eines Expansionszylinders

Bei den zuvor vorgestellten Konzepten findet die erweiterte Expansionsphase im selben Arbeitsraum statt. Bei so genannten Split-Cycle-Anwendungen wird der Arbeitsprozess auf mehrere Zylinder aufgeteilt. Dadurch kann eine hohe Spreizung zwischen dem Verdichtungs- und Expansionsverhältnis erreicht werden, ohne dass extreme Hublängen erforderlich sind.

Das Arbeitsgas wird nach Abschluss der Expansionsphase im Verbrennungszylinder (VZ) durch einen Überströmkanal in den Expansionszylinder (EZ) geleitet, um dort weiter expandiert zu werden. Dieser Vorgang wird im Folgenden Nachexpansion genannt. Durch die Nachexpansion wird zusätzliche Volumenänderungsarbeit verrichtet. Die Vorgänge Ausschieben aus dem Verbrennungszylinder, Überströmen und Nachexpansion laufen bei diesem Konzept simultan ab. Das Arbeitsgas wird von den zwei Verbrennungszylindern alternierend in den Expansionszylinder übergeschoben. Während die Verbrennungszylinder weiterhin nach dem 4-Takt-Prinzip arbeiten, finden im Expan-

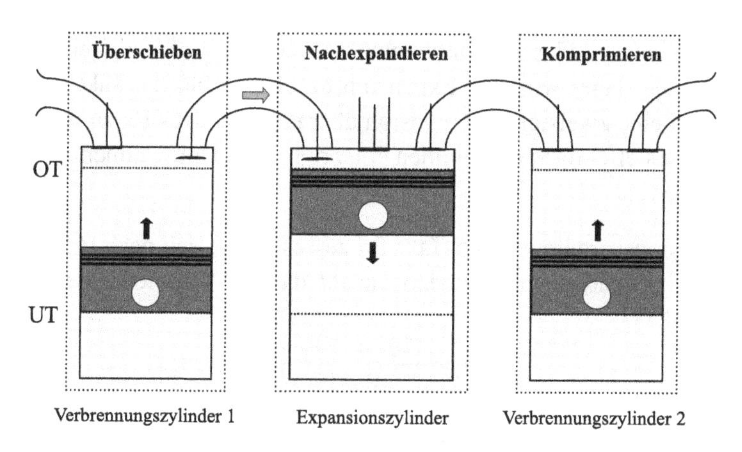

Abbildung 4.12: Schematischer Aufbau eines Motors mit Expansionszylinder [73]

sionszylinder abwechselnd die zwei Takte Nachexpansion und Ausschieben statt. Da die Nachexpansion dem Motorprozess als zusätzlich fünfter Takt zugerechnet werden kann, wird das Verfahren als 5-Takt-Prinzip bezeichnet. Das 5-Takt-Prinzip geht auf eine Erfindung von Schmitz zurück, die von ihm 2003 patentiert wurde [93]. Der Wirkmechanismus wird in Abbildung 4.13 verdeutlicht.

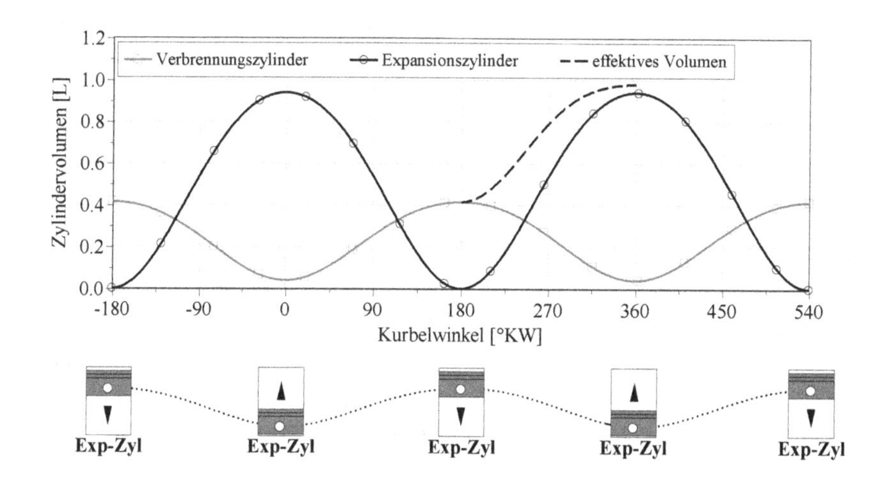

Abbildung 4.13: Volumenverläufe eines Motors mit Expansionszylinder [73]

Der Expansionszylinder ist volumenmäßig deutlich größer als ein Verbrennungszylinder, daher wird die Expansion durch den fünften Takt verlängert. Es resultiert eine zweistufige Expansion über ein effektives Expansionshubvolumen. Dieses effektive Hubvolumen entspricht dem Hubvolumen des Expansionszylinders.

Das Expansionsverhältnis des 5-Takt-Prozesses ergibt sich nach [63] aus dem gesamten Expansionsvolumen bezogen auf das OT-Volumen eines Verbrennungszylinders:

$$\varepsilon_E = \frac{V_{OT,VZ} + V_{h,EZ}}{V_{OT,VZ}} \qquad \text{Gl. 4.9}$$

Das Volumen des Überströmkanals sowie das OT-Volumen des Expansionszylinders haben während der Überströmphase einen negativen Einfluss auf den Prozess. Da dieses Volumen eine Entspannung des Arbeitsgases ohne Verrichten von Kolbenarbeit hervorruft, wird es als Totvolumen bezeichnet.

Zur idealisierten Betrachtung des 5-Takt-Prozess wird nach [71] als Vergleichsprozess ebenfalls der Atkinson-Gleichraumprozess (vgl. Abbildung 4.3 und Gl. 4.5) zugrunde gelegt.

4.6.1 Technologiestatus

Die ersten Entwicklungsaktivitäten zu dem 5-Takt-Prinzip sind auf die Firma Ilmor Engineering Ltd. zurückzuführen. Nach einer simulativen Untersuchung [3] wurde 2007 erstmals ein hochaufgeladener Prüfstandsmotor gebaut [50]. 2013 wurde von Danielson Engineering [1] ein 5-Takt-Motor mit kostengünstigen Technologien (Saugrohreinspritzung und zwei Ventile pro Zylinder) für serielle Hybridantriebsstränge konzipiert. Diese Entwicklungen sind unter Mitwirkung des Erfinders Gerhard Schmitz entstanden.

Andere praktische Untersuchungen durch Umbau von Vierzylinder-Motoren sind 2012 durch Audi [11] und wenig später durch die Technische Universität Krakau [70, 71] veröffentlicht worden. Die mittleren zwei Zylinder sind dabei über den Zylinderkopf strömungsseitig miteinander verbunden, um als Expansionszylinder zu dienen. Bei diesen Ausführungen kann aufgrund fehlender Gestaltungsfreiheitsgrade die Strömungsführung nicht optimal ausgelegt werden. Zudem lassen sich Reibungsnachteile vermuten, wenn der Expansionszylinder aus zwei Einzelzylindern besteht.

4.6.2 Motorauslegung

Das Ziel dieser Konzeption ist eine wirkungsgradoptimierte Auslegung eines 5-Takt-Konzepts. Daher ist es von Vorteil, wenn bei der Gestaltung des Expansionszylinders und der Überströmkanäle möglichst viele Freiheitsgrade existieren. Es sei betont, dass es nicht das Ziel ist ein Konzept zu simulieren, welches in der Praxis durch einfache Umbaumaßnahmen wie in [11, 70, 71] realisierbar ist. Vielmehr soll ein Konzept entstehen, das auf einem konventionellen Vierzylinder-Motor basiert und durch die Substitution der zwei innenliegenden Zylinder eine optimale Nachexpansionsperipherie erhält. Die Verbrennungszylinder behalten alle technologischen Eigenschaften wie z.B. die Direkteinspritzung, die Brennraumgeometrie und die einlassseitige Kanalgeometrie bei.

Ausgehend von einem Vierzylinder-Motor werden die innenliegenden zwei Zylinder durch einen Expansionszylinder ersetzt, sodass nur noch in zwei Zylindern eine Verbrennung stattfindet. Der maximale indizierte Mitteldruck der Verbrennungszylinder soll nicht erhöht werden. Daher wird sich diese Reduktion bei dem Konzept auf die maximal erzielbare Motorleistung auswirken. Als Ziel-Nennleistung wird ein Wert von 80 kW festgelegt. Aus diesem Grund ist es notwendig, eine leistungsstärkere Basis mit ca. 150 kW auszuwählen. Als Basismotor wird daher Basismotor 2, ein Vierzylinder-Motor mit 1.5 L Hubraum, ausgewählt. Das Hubvolumen von zwei Verbrennungszylindern ist mit 750 cm^3 um 12.8 % größer als bei Basismotor 1. Die Aufladeeinheit des Basismotors wird durch eine für das neue Konzept passend skalierte Aufladeeinheit ersetzt.

Die Auslegung des 5-Takt-Konzepts wird mittels 0D-/1D-Simulation durchgeführt. Die offenen Designparameter des Motors werden durch Sensitivitätsanalysen bestimmt. Im Folgenden wird kurz auf die wesentlichen Aspekte der einzelnen Designparameter eingegangen.

Überströmkanal:
Als Grundform des Überströmkanals wird ein U-Rohr (siehe Abbildung 4.14) gewählt, um Strömungsablösungen möglichst zu vermeiden. Das Überströmen findet bei hohen Temperaturen und hohen Strömungsgeschwindigkeiten statt. Dies begünstigt den konvektiven Wärmeübergang im Überströmkanal. Aufgrund der Wärmeverluste während des Überschiebevorgangs ist eine kleine Oberfläche vorteilhaft. Für eine möglichst drosselfreie Durchströmung darf die Fläche des Kanalquerschnitts nicht kleiner als die wirksame Durchflussquerschnittsfläche des Ventils gewählt werden. Zum Erhalt einer kleinen Oberflä-

che ist demnach eine geringe Kanallänge erforderlich. Diese Erkenntnis deckt sich mit den Untersuchungsergebnissen in [63] und [102].

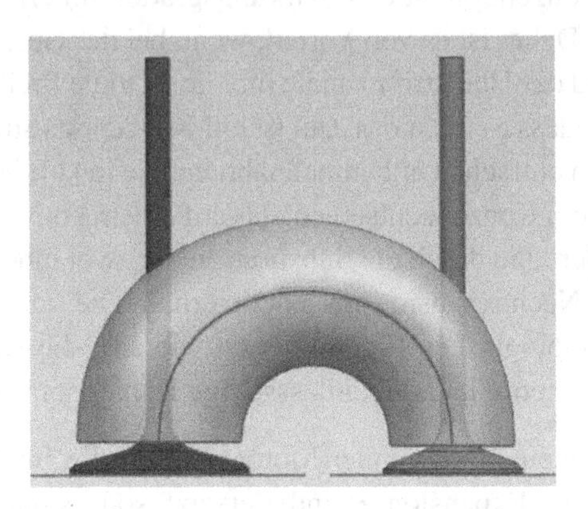

Abbildung 4.14: Seitenansicht des Überströmkanals

Expansionszylinder:
Um eine Steigerung des Expansionsverhältnisses zu realisieren muss der EZ gegenüber eines VZ ein deutlich größeres Hubvolumen aufweisen. Der Kolbenhub soll dem Hub der VZ entsprechen. Somit muss die Bohrung des EZ vergrößert werden. Der optimale Bohrungsdurchmesser und somit auch das optimale Gesamtexpansionsverhältnis wird durch Simulationen bestimmt. Der EZ verfügt über ein Einlassventil je VZ, um die Oberfläche der Überströmkanäle minimal halten zu können. Das Ausschieben in den Abgaskanal erfolgt über zwei Auslassventile. Das Verdichtungsverhältnis des EZ legt das OT-Volumen im EZ fest und hat per Definition keine Auswirkung auf das Gesamtexpansionsverhältnis des Prozesses.

Verbrennungszylinder:
Die einlassseitige Kanalgeometrie sowie die Einlassventile und der Brennraum bleiben unverändert, sodass keine Unterschiede hinsichtlich der Verbrennung angenommen werden können. Um eine kleine Oberfläche des Überströmkanals zu erzielen wird als Konfiguration ein großes Auslassventil anstelle von zwei kleinen Auslassventilen gewählt.

5 Validierung und Abstimmung der Submodelle

5.1 Übersicht

Die Simulationskette muss dazu in der Lage sein, ein Motorkonzept vorhersagefähig durch die gezielte Abwandlung eines Basismodells zu modellieren. Als Basismodelle werden Motormodelle verwendet, die einen Serien- oder Forschungsmotor der Daimler AG abbilden und über ein auf hochqualitative Messdaten kalibriertes Strömungsmodell verfügen.

Es werden sich durch die jeweilige Umsetzung einer verlängerten Expansion gegebenenfalls Veränderungen bei den innermotorischen Vorgängen von Ladungsbewegung, Turbulenzproduktion, Verbrennung, Wärmeübergang und Motorreibung einstellen. Für eine belastbare Vorausberechnung von motorischen Kenngrößen, wie z.B. dem effektiven Kraftstoffverbrauch, müssen alle konzeptbedingten Effekte bestmöglich abgebildet und durch so genannte Submodelle berücksichtigt werden. Die erforderlichen Submodelle sind schematisch in Abb. 5.1 veranschaulicht.

In der vorliegenden Arbeit wird für die 1D-Simulation die Software GT-Power von Gamma Technologies [28] verwendet. Zur Berechnung der Vorgänge im Brennraum wird als Zylinderobjekt in GT-Power das Plug-In UserCylinder von FKFS [87] eingesetzt. Somit wird der gesamte Hochdruckteil mit einem Code berechnet, der auf dem FVV-Zylindermodul [34] basiert.

Die Wahl dieses Plug-Ins begründet sich durch die darin implementierten Submodelle für Verbrennung, Wandwärmeübergang, Ladungsbewegung und Turbulenz. Zur Berücksichtigung der veränderten Motorreibung liegt kein geeignetes Submodell vor. Daher werden Methodiken entwickelt, die es erlauben die konzeptspezifische Mehrreibung zu berücksichtigen.

M. Langwiesner, *Konzepte für bestpunktoptimierte Verbrennungsmotoren innerhalb von Hybridantriebssträngen*, Wissenschaftliche Reihe Fahrzeugtechnik Universität Stuttgart, https://doi.org/10.1007/978-3-658-22893-4_5

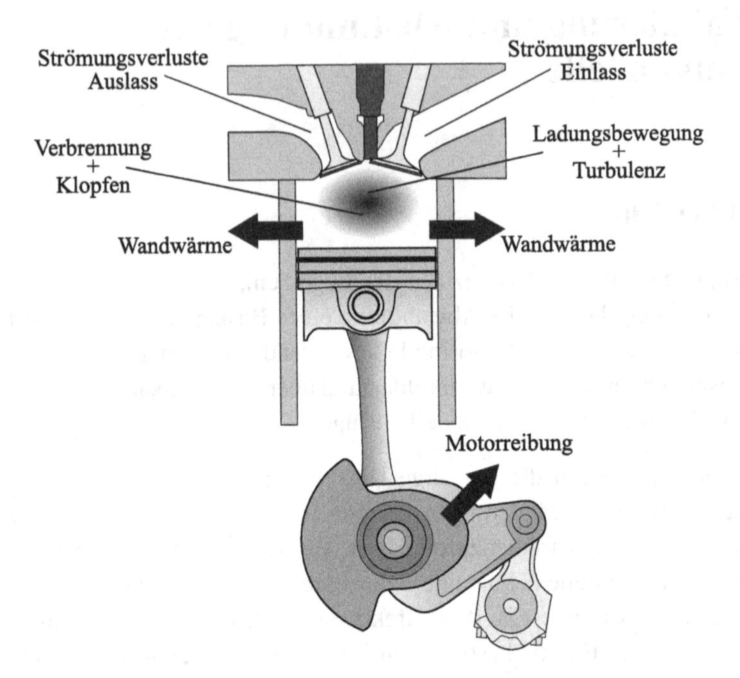

Abbildung 5.1: Submodelle zur Vorausberechnung des Verbrauchs

5.2 Verbrennungsmodell

5.2.1 Auswahl der Verbrennungsmodelle

Zu Beginn wird festgelegt, auf welche Weise bei der Simulation des jeweiligen Konzepts die Brennverläufe vorzugeben sind.

Bei den Konzepten Atkinson und Miller wirken sich die Modifikationen im Kurbel- oder Ventiltrieb auf die Turbulenzproduktion aus. Somit weisen die Konzepte gegenüber dem Basismotor geänderte Randbedingungen auf, die zweifellos ein vorhersagefähiges Verbrennungsmodell erfordern. Um eine Reaktion der Verbrennung auf diese Modifikationen zu erhalten, wird das Brennverlaufsmodell mit einem quasidimensionalen Ladungsbewegungs- und Turbulenzmodell gekoppelt. Es wird in Kapitel 5.2.3 eine Validierung durchgeführt, bevor die Abstimmung auf den Basismotor erfolgt.

Bei dem 5-Takt-Konzept erfolgt erst nach Abschluss der Verbrennung ein Eingriff in die Prozessführung. Die Verbrennungszylinder sind gegenüber dem Basismotor unverändert. Es wird angenommen, dass der Verlauf der Verbrennung durch eine Nachexpansion im Expansionszylinder nicht beeinflusst wird. Folglich ist die Anwendung von Vibe-Ersatzbrennverläufen zulässig. Da ein Ersatzbrennverlauf allerdings nur in dem gemessenen Referenzpunkt gültig ist, ist eine Vermessung des gesamten Kennfeldes von Basismotor 2 erforderlich. Für die Simulation des 5-Takt-Konzepts stehen die aus den Messdaten ermittelten Vibe-Parameter des Kennfelds zur Verfügung. Zur Simulation der Verbrennung sind keine weiteren Modellabstimmungen erforderlich.

5.2.2 Methodik zur Modellabstimmung

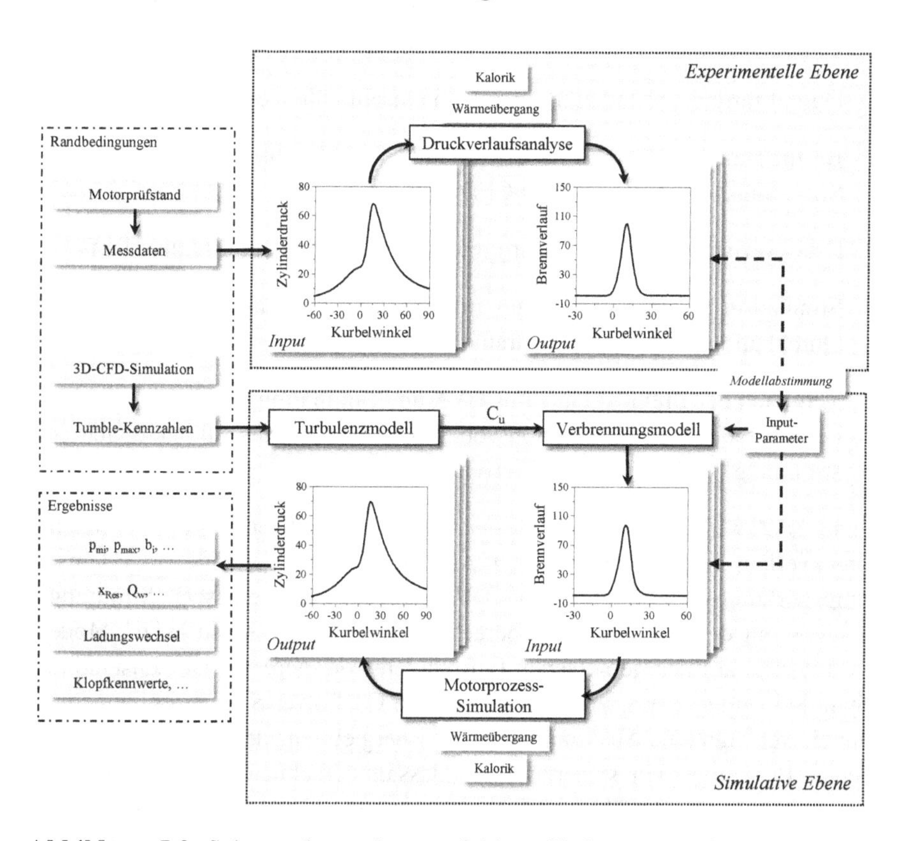

Abbildung 5.2: Schema der vorhersagefähigen Verbrennungssimulation

Für einen erfolgreichen Abstimmprozess ist die Datengrundlage von entscheidender Bedeutung. Es sind qualitativ hochwertige Indiziermessungen, ein detailgenaues Strömungsmodell sowie korrekte Strömungsbeiwerte notwendig.

Wie bekannt ist, macht die Abstimmung des Verbrennungsmodells anhand von Druckverläufen wenig Sinn, da die Abweichungen im Druckverlauf nicht zugeordnet werden können. Also wird die Abstimmung anhand von Brennverläufen durchgeführt, da die Abweichungen des simulierten Brennverlaufs den Abstimmparametern des Verbrennungsmodells zugeordnet werden können. Für das quasidimensionale Ladungsbewegungs- und Turbulenzmodell müssen bestimmte Eingangsgrößen bekannt sein. Genauer gesagt werden Tumblezahlen benötigt, die messtechnisch oder durch 3D-CFD-Simulationen bestimmt werden können. Es ist sinnvoll, die Abstimmung anhand mehrerer Betriebspunkte durchzuführen. Der Ablauf des Abstimmungsprozesses wird im Folgenden für einen Betriebspunkt erklärt:

1. Durchführung von Indiziermessungen einschließlich einer Abgasanalyse
2. Bestimmung der Durchflussbeiwerte und Tumblezahlen mittels stationärer Strömungsversuche in der 3D-CFD-Simulation
3. Druckverlaufsanalyse zur Bestimmung eines Vergleichs-Brennverlaufs
4. Simulation des Betriebspunktes mit dem Verbrennungsmodell, im ersten Durchlauf mit den Standardparametern
5. Vergleich der Brennverläufe aus DVA und Simulation und ggf. Anpassung der Modellparameter. Iteration von Schritt 4 und 5, bis eine gute Übereinstimmung[1] der Brennverläufe erreicht ist

In der DVA wird unter Vorgabe des gemessenen Druckverlaufs ein Vergleichs-Brennverlauf bestimmt und aus den Abgasemissionen der zugehörige Umsetzungswirkungsgrad errechnet. Die DVA wird innerhalb eines 1D-Strömungsmodells mit dem UserCylinder berechnet. Der Luftmassenstrom im Modell wird vorerst auf den gemessenen Luftmassenstrom geregelt. Der Zustand der Zylinderladung bei ES wird dann durch die GT-Power Simulation berechnet. Für eine erfolgreiche Abstimmung ist die Energiebilanz der DVA von entscheidender Bedeutung. Um sicherzustellen, dass im berechneten Betriebspunkt der umsetzbare Anteil der über die Einspritzung zugeführten Energie mit der umgesetzten Energie übereinstimmt, ist eine so genannte 100%-Iteration erforderlich. Hier wird dem gemessenen Luftverhältnis ($\lambda = konst.$) vertraut, sodass

[1] Die Güte der Übereinstimmung kann z. B. durch die Summe der Fehlerquadrate überprüft werden. Das Abstimmungsziel ist eine Minimierung der Fehlerquadratsumme.

zum Erreichen einer hundertprozentigen Energiebilanz die Luft- und Kraftstoffmasse im Zylinder in gleichem Maße iterativ angepasst wird. Als Strömungsmodell kann entweder ein Vollmotor- oder ein TPA-Modell verwendet werden. Unabhängig der Modellart beeinflussen Fehler im Strömungsmodell die Berechnung der Zylinderfüllung und somit die Qualität der DVA.

Ein TPA-Modell ist ein reduziertes Motormodell mit einem freigeschnittenen Zylinder, wobei nur die Strömungsstrecke zwischen den Niederdrucksensoren abgebildet wird (siehe Abbildung 5.3). Die gemessenen Niederdruckverläufe werden am Beginn und Ende der reduzierten Strömungsstrecke als Randbedingung vorgegeben. Der Luftmassenstrom und demnach auch die Zylinderfüllung wird aus diesen vorgegebenen Strömungsrandbedingungen berechnet. Die Anwendung eines TPA-Modells bietet sich insbesondere für die Analyse von Einzylindermotoren an, in bestimmten Fällen[2] auch für Mehrzylindermotoren. Der Vorteil der TPA ist eine schnelle Rechenzeit, sodass für die Modellabstimmung auch Optimierungsverfahren eingesetzt werden können.

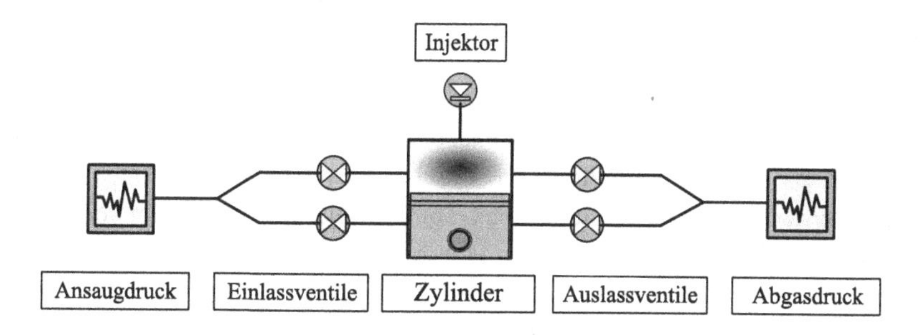

Abbildung 5.3: Schematische Darstellung eines TPA-Modells [52]

Bei der Abstimmung für Mehrzylindermotoren wird die DVA innerhalb eines Vollmotormodells durchgeführt. Damit ist gewährleistet, dass die Strömungseffekte korrekt berechnet werden können, da das Vollmotormodell im Gegensatz zum TPA-Modell den realen Strömungspfad abbildet.

Nach der Berechnung der DVA kann die eigentliche Modellabstimmung durchgeführt werden. Dafür wird der simulierte Brennverlauf mit dem DVA-Brennverlauf verglichen. Bei der Simulation ist die Vermeidung von Bilanzfehlern wichtig. Daher muss der Umsetzungswirkungsgrad in Form eines Verbren-

[2]Die Länge und das Volumen zwischen Sensorposition und Ventil muss exakt modelliert werden. Idealerweise ist der Sensor nahe vor dem Ventil positioniert.

nungswirkungsgrades sowie der durch die 100%-Iteration ggf. korrigierte Luftmassenstrom berücksichtigt werden. Zudem wird bei der Simulation die Verbrennung auf jene Schwerpunkte geregelt, die aus der DVA des jeweiligen Betriebspunkts resultiert. Die Abstimmung selbst ist die iterative Anpassung der Modellparameter bis zu dem Punkt, an dem eine Übereinstimmung der Brennverläufe in allen untersuchten Betriebspunkten erreicht ist. Dieser Schritt wird durch die Anwendung des im UserCylinder implementierten Optimierers unter Verwendung des Powell-Verfahrens automatisch durchgeführt.

5.2.3 Validierung des Verbrennungsmodells

Die Anforderung an das Verbrennungsmodell ist die Wiedergabe der korrekten Reaktion der Verbrennung auf Änderungen des Betriebspunktes. Insbesondere soll die Reaktion auf einen geänderten Restgasgehalt und ein geändertes Turbulenzniveau durch einen Tumblesteller (Erhöhung) oder eine Miller-Strategie (Absenkung) überprüft werden. Daher wird die Validierung anhand von Messdaten eines Einzylinder-Forschungsmotors mit vollvariablem Ventiltrieb und Tumblesteller durchgeführt.

Der Restgasgehalt wurde am Prüfstand durch eine Zufuhr von externer gekühlter HD-AGR variiert. Die Restgaszufuhr war am Prüfstand bis zu einer Last von $p_{m,i} = 6\,\text{bar}$ möglich. Die durch Ladungsbewegung erzeugte Turbulenz wird durch das Schließen des Tumblestellers erhöht. Für beide Stellerpositionen müssen die jeweiligen Durchfluss- und Tumblezahlen abhängig vom Ventilhub vorgegeben werden, um den Einfluss des Tumblestellers berücksichtigen zu können. Darüber hinaus wurden mit dem vollvariablen Ventiltrieb zwei verschiedene Miller-Ventilhubkurven eingestellt. Bei FES steigt die Brenndauer, da weniger Turbulenz im Zylinder erzeugt wird. Dies muss wiederum von dem Verbrennungsmodell wiedergegeben werden. Untersucht werden die Betriebspunkte $p_{m,i} = 3\,\text{bar}$ bzw. $p_{m,i} = 6\,\text{bar}$ bei jeweils $n = 2000\,\text{min}^{-1}$.

Die Druckverlaufsanalyse und die Modellabstimmung wurde mit einem TPA-Modell für verschiedene Betriebspunkte durchgeführt. Für die Simulationen wurden die Standard-Parameter gewählt. Der Turbulenzabstimmungsparameter ist auf einen Wert von $C_u = 3.5$ angepasst worden, um den Brennstoffumsatz $dQ_B/d\varphi$ korrekt abzubilden. Der Restgaskoeffizient ist auf den Wert $\xi_r = 0.95$ angepasst worden, da mit dem Standardwert die Brenngeschwindigkeit bei hohen AGR-Raten überschätzt wurde.

Variation der AGR-Rate:
Zunächst wird ein Betriebspunkt mit geöffnetem Tumblesteller (niedriges Turbulenzniveau) betrachtet. Der Vergleich der simulierten Brennverläufe mit den DVA-Brennverläufen wird anhand Abbildung 5.4 diskutiert. Anhand der DVA-Brennverläufe ist mit zunehmender AGR-Rate eine Verringerung der Brenngeschwindigkeit und entsprechend ein Anstieg der Brenndauer zu verzeichnen. Die simulierten Brennverläufe weichen nur geringfügig von den DVA-Brennverläufen ab, daher kann eine zufriedenstellende Reaktion des Verbrennungsmodells auf das Inertgas festgestellt werden.

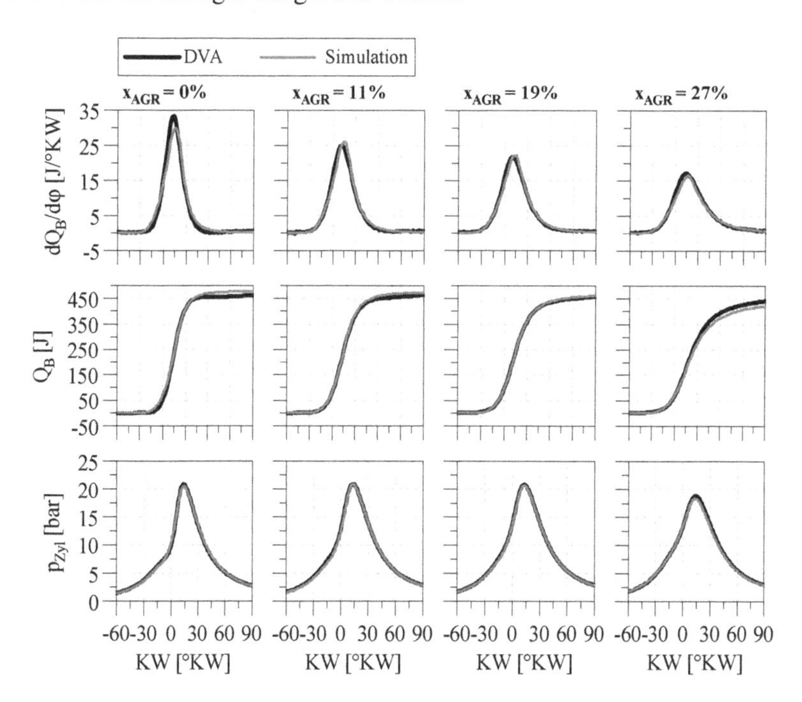

Abbildung 5.4: Abstimmung Brennverlaufsmodell bei Restgasvariation, $n = 2000\,\text{min}^{-1}$, $p_{mi} = 3\,\text{bar}$, Tumblesteller offen

Abweichungen werden bei geringen AGR-Raten im Bereich des Ausbrands sowie bei maximaler AGR-Rate deutlich. Bei der maximalen AGR-Rate von 27 % (Restgasgehalt $x_{Res} = 32\,\%$) ist die vom Verbrennungsmodell berechnete Eindringgeschwindigkeit nicht ausreichend, um den Kraftstoff im Zylinder entsprechend des vorgegebenen Verbrennungswirkungsgrades umzusetzen. Dies resultiert in einer geringeren Energiefreisetzung und führt somit zu einer Abweichung des $p_{mi,HD}$ von $-5,3\,\%$. Bei den niedrigeren AGR-Raten sind die

Druckverläufe nahezu deckungsgleich, die mittlere Abweichung des $p_{mi,HD}$ beträgt weniger als 2 %. Gemessen an der niedrigen Motorlast ist dieses Ergebnis als sehr gut einzustufen. Der Parametersatz führt in den Betriebspunkten mit geöffnetem Tumblesteller zu guten Übereinstimmungen der Brennverläufe.

Nun wird eine Variation der AGR-Rate bei geschlossenem Tumblesteller betrachtet. Durch das Schließen des Stellers wird die Ladungsbewegung im Zylinder intensiviert und somit das Turbulenzniveau gesteigert. Durch die Auswertung der Messergebnisse wird ersichtlich, dass aufgrund der schnelleren Verbrennung der Frühzündbedarf reduziert wird (siehe Abbildung 5.5).

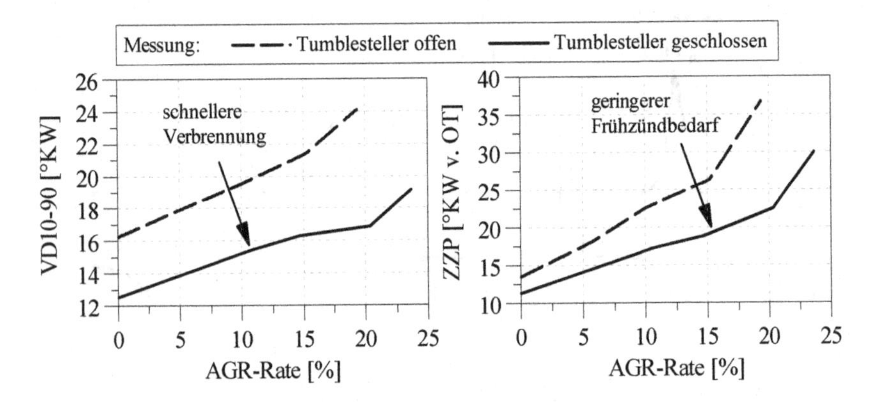

Abbildung 5.5: Brenndauer und ZZP bei unterschiedlicher Turbulenz, $n = 2000\,\text{min}^{-1}$, $p_{mi} = 6$ bar, $H50 = 8$ °KW (Messung)

Der Effekt dieser motorischen Maßnahme kann von dem Verbrennungsmodell nur in Kombination mit dem quasidimensionalen Ladungsbewegungsmodell abgebildet werden. Ohne Vorgabe der zugehörigen Tumblezahlen wird die Brenngeschwindigkeit für alle AGR-Raten deutlich unterschätzt (nicht dargestellt). Durch die Vorgabe der erhöhten Tumblezahlen als Eingangsgröße für das Ladungsbewegungsmodell (siehe Abbildung 5.6) wird eine höhere turbulente kinetische Energie berechnet. Daraus ergibt sich im Verbrennungsmodell entsprechend der Realität eine höhere Brenngeschwindigkeit. Die übrigen Modellparameter werden nicht verändert. Der Vergleich von DVA und Simulation ist in Abbildung 5.7 dargestellt. Mit dem Parametersatz ist nun für die Betriebspunkte mit geschlossener Tumbleklappe eine sehr gute Übereinstimmung der Brennverläufe ersichtlich. Erneut ist anhand der nahezu identischen Druckverläufe die sehr gute Übereinstimmung von Messung und Modellvorhersage ersichtlich. Die mittlere Abweichung des $p_{mi,HD}$ beträgt weniger als 1 %.

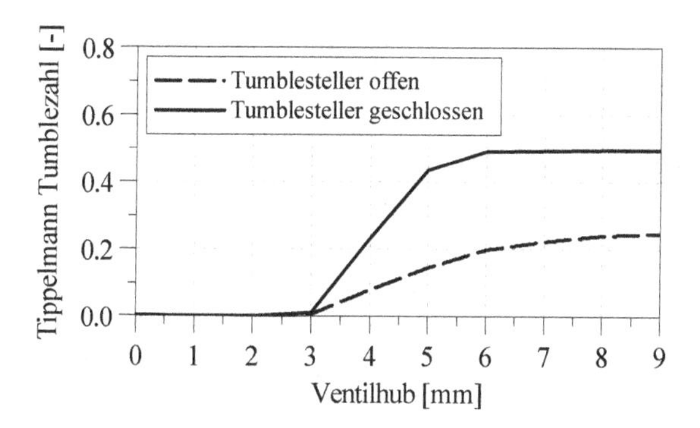

Abbildung 5.6: Tumblezahlen aus 3D-CFD Post-Processing

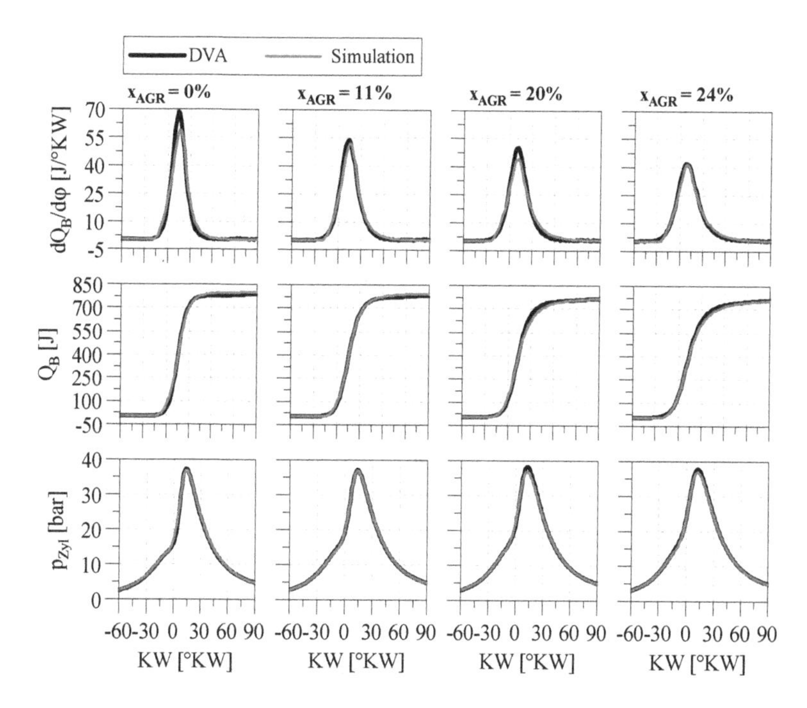

Abbildung 5.7: Abstimmung Brennverlaufsmodell bei Restgasvariation, $n = 2000\,\text{min}^{-1}$, $p_{mi} = 6\,\text{bar}$, Tumblesteller geschlossen

Das quasidimensionale Ladungsbewegungs- und Turbulenzmodell bildet die Wirkung des Tumblestellers wie gewünscht ab. Es sei jedoch betont, dass dieses Ergebnis von einer sorgfältigen Bestimmung der jeweiligen Tumblezahlen abhängt. Im vorliegenden Fall wurden die Tumblezahlen durch Auswertung von 3D-CFD-Simulationen berechnet.

Variation des Einlass-Ventilhubprofils:
Im Folgenden wird eine Miller-Strategie mit FES untersucht. Mit dem vollvariablen Ventiltrieb werden neben der Standard-Ventilhubkurve zwei Ventilhubkurven mit einer Ventilöffnungsdauer von jeweils 100 und 50 °KW eingestellt. Gegenüber dem Standardhubprofil weisen die FES-Ventilhubprofile einen deutlich reduziertem Ventilhub auf (siehe Abbildung 5.8).

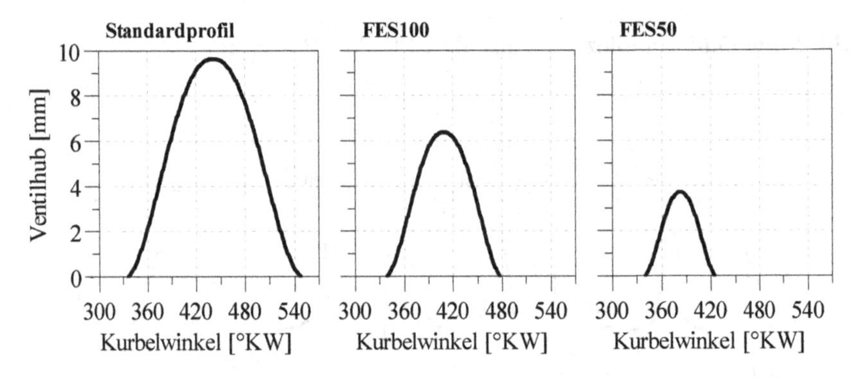

Abbildung 5.8: Standard- und FES-Ventilhubprofile des Forschungsmotors

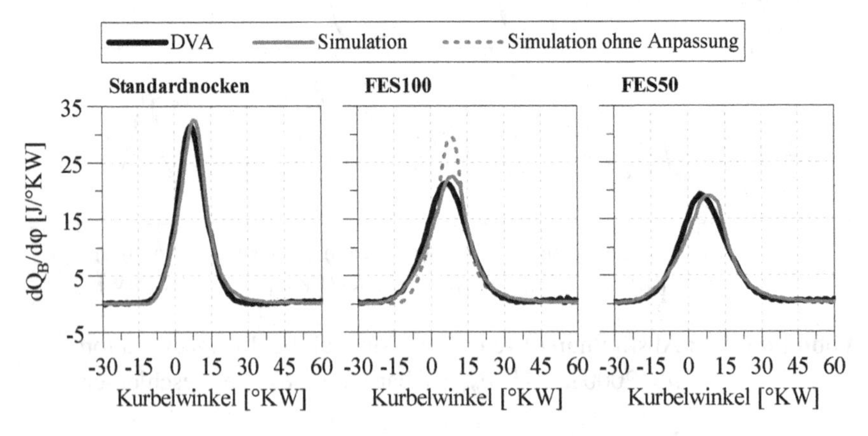

Abbildung 5.9: Validierung des Brennverlaufsmodells für FES, $n = 2000\,\text{min}^{-1}$, $p_{mi} = 3\,\text{bar}$

Anhand der DVA-Ergebnisse in Abbildung 5.9 und 5.11 ist ersichtlich, dass die Brenngeschwindigkeit mit zunehmendem FES-Grad sukzessive abnimmt. Eine korrekte Reaktion des Verbrennungsmodells ist vorerst nur an den Betriebspunkten mit den Standard- und FES50-Ventilhubprofilen ersichtlich. Für die mittlere Ventilhubkurve wurde die Umsatzgeschwindigkeit deutlich überschätzt (gestrichelte Linie), sodass eine händische Anpassung des vorgegebenen Tumbleverlaufs vorgenommen wurde.

Durch die Anpassung sind die Tumblezahlen im Bereich mittlerer Ventilhübe abgesenkt worden. In Abbildung 5.10 ist im oberen Diagramm die Anpassung der Tippelmannzahlen im unteren Diagramm die Auswirkung auf die turbulente kinetische Energie (TKE). Vor dieser Anpassung liegt das Niveau der turbulenten kinetischen Energie im Bereich des ZOT nahe dem Turbulenzniveau, das mit dem Standardventilhubprofil erreicht wird. Nach der Anpassung ist das Turbulenzniveau bei dem FES100-Ventilhubprofil deutlich verringert, womit der simulierte Brennverlauf nur noch geringfügig von dem DVA-Brennverlauf abweicht. Die übrigen Ventilhubprofile werden von der Anpassung nicht negativ beeinflusst.

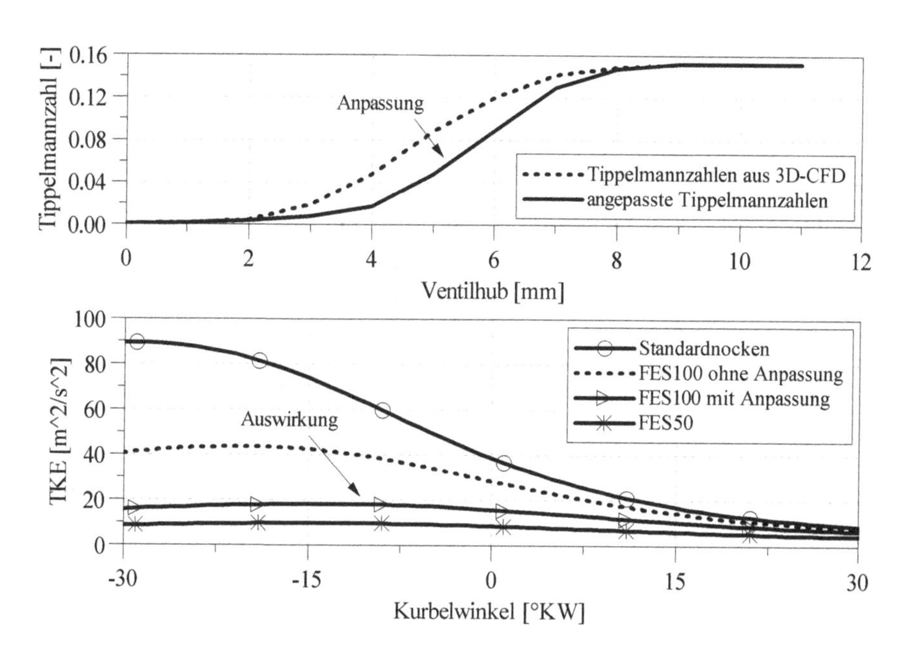

Abbildung 5.10: Anpassung des Tumble-Inputs

In Abbildung 5.11 werden weitere Betriebspunkte dargestellt, um einerseits die Notwendigkeit dieser Anpassung und andererseits die gute Übereinstimmung der simulierten Brennverläufe mit der Anpassung zu verdeutlichen.

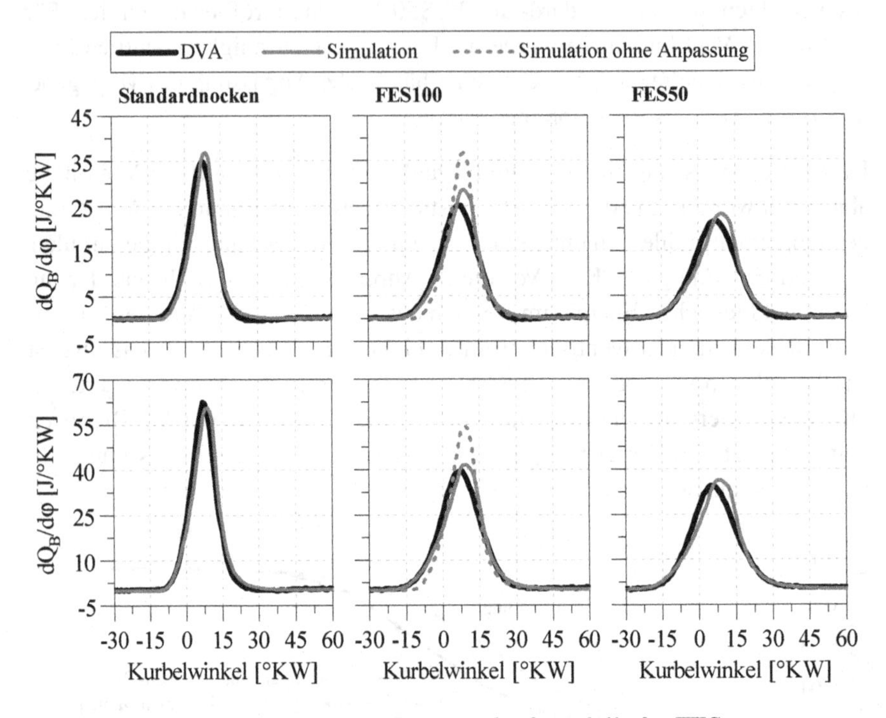

Abbildung 5.11: Validierung des Brennverlaufsmodells für FES,
$n = 1000\,\text{min}^{-1}$, $p_{mi} = 3\,\text{bar}$ (oben)
$n = 2000\,\text{min}^{-1}$, $p_{mi} = 6\,\text{bar}$ (unten)

Zusammenfassend kann eine sehr gute Eignung des quasidimensionalen Verbrennungsmodells in Kombination mit dem quasidimensionalen Ladungsbewegungs- und Turbulenzmodell für den Motorbetrieb mit FES-Steuerzeiten festgestellt werden. Das Verbrennungsmodell gilt als validiert, da es mit einem Parametersatz die Brennverläufe aller untersuchten Betriebspunkte mit guter Übereinstimmung wiedergeben kann. Für die Konzepte Atkinson und Miller wird das Modell im folgenden Kapitel auf Basismotor 1 abgestimmt.

5.2.4 Abstimmung des Verbrennungsmodells

Für die Abstimmung des Verbrennungsmodells für die Konzepte Atkinson und Miller stehen Indiziermessungen und ein detailliertes Vollmotormodell von Basismotor 1 zur Verfügung. Das Ziel dieser Abstimmung ist die Findung von einem Parametersatz, mit dem die Verbrennung für alle betrachteten Betriebspunkte möglichst gut vorhergesagt werden kann. Aus den verfügbaren Messdaten wurden für die Abstimmung gemäß Abbildung 5.12 insgesamt 8 Betriebspunkte ausgewählt. Die DVAs wurden mit einer 100%-Iteration durchgeführt. Es resultieren geringe Massenkorrekturen, was auf eine hohe Qualität der Messdaten und ein gut kalibriertes Strömungsmodell schließen lässt.

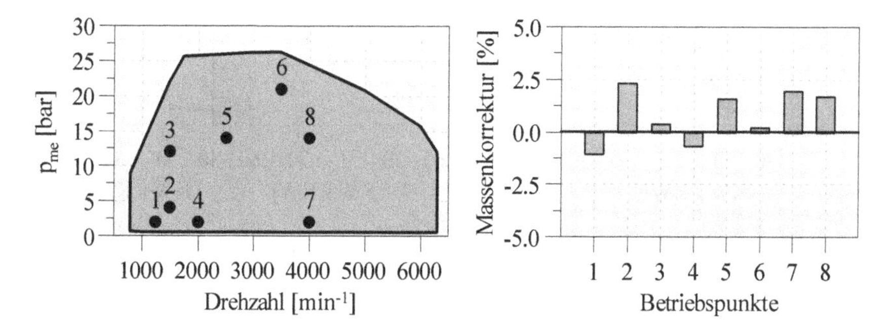

Abbildung 5.12: Gewählte Betriebspunkte und Ergebnis der 100%-Iteration

Die Abstimmung wurde mittels des im UserCylinder integrierten Optimierers durchgeführt. Durch die gemeinsame Optimierung auf die ausgewählten 8 Betriebspunkte konnte der Parametersatz nach Tabelle 5.1 ermittelt werden.

Tabelle 5.1: Modellparameter nach der Abstimmung

Beschreibung	Modellparameter	Wert
Turbulenzabstimmungsparameter	C_u	3.6
Dissipationskoeffizient	C_ε	7.5
Korrektur der Eindringgeschwindigkeit	a_{ZZP}	1.604
Taylor-Vorfaktor	χ_T	21.186
Restgaskoeffizient	ξ_r	0.953

Im Folgenden werden die Brennverläufe von DVA und Simulation nach der Abstimmung dargestellt.

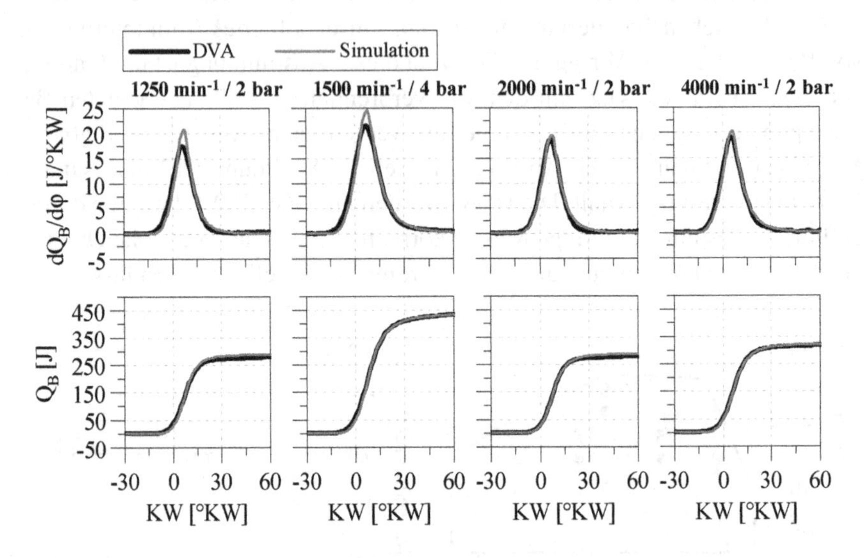

Abbildung 5.13: Brennverläufe nach Abstimmung, niedrige Last

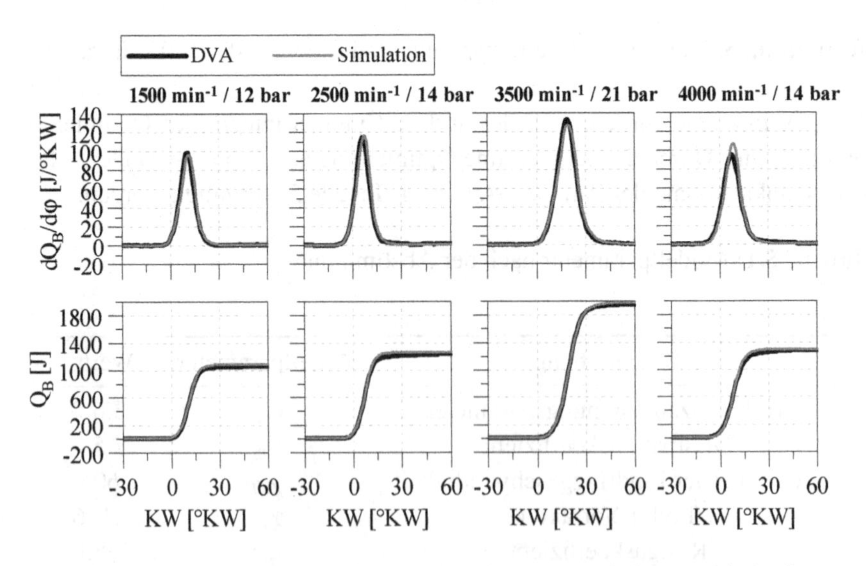

Abbildung 5.14: Brennverläufe nach Abstimmung, mittlere und hohe Last

In Abbildung 5.13 sind die Niedriglast-Betriebspunkte zusammengefasst. Die Brenngeschwindigkeit wird bei niedrigen Lasten leicht überschätzt. Da bei der Simulation auf die aus der DVA ermittelten Schwerpunktlage geregelt wird, tritt ein späterer Brennbeginn auf. Auch im Bereich des Ausbrands wird die Brenngeschwindigkeit leicht überschätzt. In Abbildung 5.14 sind die Betriebspunkte aus dem mittleren bis hohen Lastbereich dargestellt. Mit demselben Parametersatz wird ebenfalls eine sehr gute Übereinstimmung der Brennverläufe aus Simulation und DVA erreicht.

Bislang wurde kein rechnerisches Kriterium zur Bewertung der Abstimmungsgüte, die mit dem Optimierer erreicht wurde, eingesetzt. Um eine Bewertungsgröße für die Güte der Abstimmung zu erhalten, werden in Abbildung 5.15 die relativen Abweichungen des $p_{mi,HD}$ betrachtet. In den Punkten mit niedrigster Last ist die relative Abweichung mit 2 % am größten. Bei den mittleren und hohen Lasten liegen diese unter 1 %. Die Güte dieser Modellabstimmung kann daher als sehr gut gewertet werden.

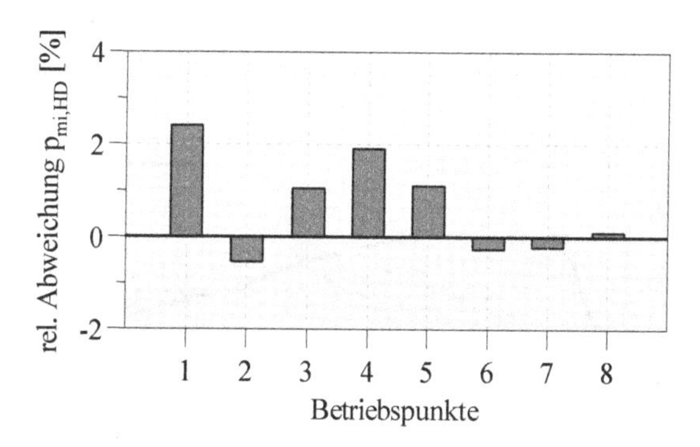

Abbildung 5.15: Relative Abweichung zwischen DVA und Simulation

5.3 Abstimmung des Klopfmodells

Die Anforderung an das Klopfmodell ist, die Klopfempfindlichkeit von Basismotor 1 in der Simulation der Konzepte Atkinson und Miller wiederzugeben. Da die Schwerpunktlagen für diese unbekannt sind, sollen sie mittels eines Schwerpunktlagenreglers unter Verwendung des Klopfmodells auf die frühestmögliche Lage geregelt werden. Die Voraussetzungen für die Abstimmung des Klopfmodells sind somit das auf Basismotor 1 abgestimmte Verbrennungsmodell und die Messdaten einer an der Klopfgrenze gefahrenen Volllastkennlinie, ebenfalls von Basismotor 1.

Zunächst wird die Volllastkurve unter Verwendung des Verbrennungsmodells simuliert. Die Schwerpunktlagen müssen in jedem Betriebspunkt auf die gemessenen Werte geregelt werden. Da das Klopfmodell die Wandtemperatur mit einbezieht, ist auf die Verwendung des gleichen Wandtemperaturansatzes wie in der späteren Simulation zu achten. Das Klopfmodell errechnet dann im Hintergrund für jeden Betriebspunkt das Vorreaktionsintegral I_K, ohne in die Regelung der Schwerpunktlage einzugreifen. Es kann nicht davon ausgegangen werden, dass sich für jeden Betriebspunkt derselbe Integralwert ergibt. Demzufolge ist der Verlauf der Klopfintegralwerte über der Motordrehzahl von Bedeutung. Dieser Verlauf wird in den späteren Simulationen als Grenzwert für die Klopfregelung vorgegeben.

Abbildung 5.16 zeigt die simulierte Volllastkurve, die Lage von H50 aus der Messung sowie die berechneten Klopfintegralwerte. Die Werte liegen im Bereich von $I_K = 1$, was dem vorgeschlagenen Standardwert entspricht [87, 92].

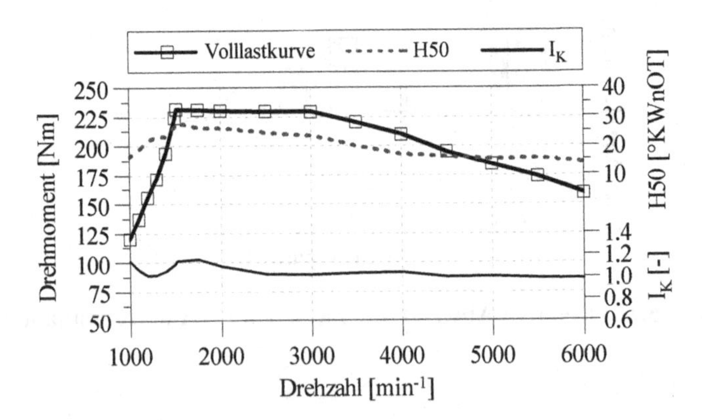

Abbildung 5.16: Abstimmung des Klopfmodells

Es sei betont, dass die Modellparameter des Klopfmodells nach der Abstimmung nicht mehr verändert werden dürfen. Bei aktivierter Klopfregelung wird in der Simulation der Zündzeitpunkt bei Überschreitung des Grenzwertes so lange in Richtung spät verstellt, bis sich wieder der vorgegebene Grenzwert ergibt. Bei der Simulation der Volllastkennlinie von Basismotor 1 unter Verwendung des Klopfmodells konnte festgestellt werden, dass die eingeregelten

Schwerpunktlagen den gemessenen Schwerpunktlagen entsprechen. Eine Simulation des Kennfeldes von Basismotor 1 ist in Abbildung 5.17 dargestellt.

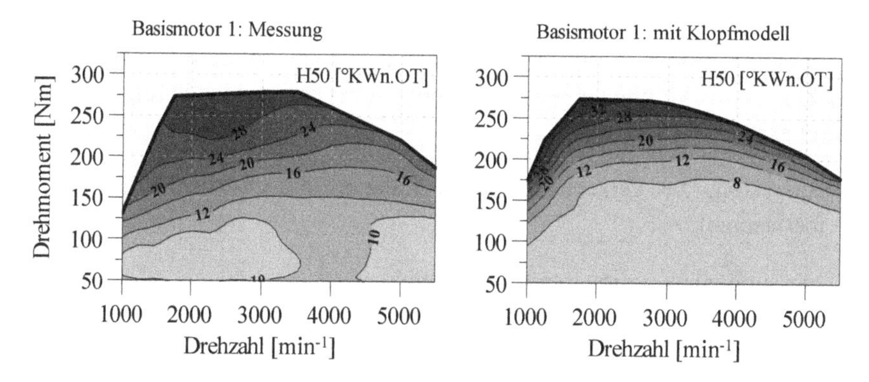

Abbildung 5.17: Vergleich gemessener und simulierter Schwerpunktlagen

Im mittleren Lastbereich wird die Klopfneigung unterschätzt, woraus frühere Schwerpunktlagen resultieren. Im Niedriglastbereich kann der Wert von 8 °KW n. OT eingestellt werden. Die Übereinstimmung ist zufriedenstellend.

5.4 Validierung des Wandwärmemodells

Mit dem Ziel der Bewertung des Kraftstoffverbrauchs ist in der Simulation der gasseitige Wandwärmeübergang durch ein Wärmeübergangsmodell zu berücksichtigen. Aufgrund der Kolbenkinematik des Atkinson-Konzepts kommt der Wahl eines geeigneten Wandwärmemodells eine entscheidende Rolle zu. Diese Problemstellung wurde bereits in Kapitel 4.4.3 erläutert. Im Folgenden wird daher eine Validierung des Wandwärmemodells nach Bargende für Motoren mit verlängerter Expansion über den Kurbeltrieb vorgestellt. Für eine ausführliche Diskussion dieser Modellvalidierung wird auf [59] verwiesen.

Im Modell werden die verschiedenen wärmeübergangsrelevanten Einflüsse getrennt voneinander berücksichtigt. Dies wird durch die separaten Berechnungsglieder, die als Verbrennungs- und Geschwindigkeitsterm bezeichnet werden, erreicht. Letzterer beinhaltet neben der turbulenten kinetischen Energie und der verbrennungsinduzierten Konvektionsgeschwindigkeit auch die momentane Kolbengeschwindigkeit, sodass der Einfluss der veränderten Kolbenkinematik beim Atkinson-Prozess mit einbezogen wird.

Die Validierung erfordert die experimentelle Erfassung des Wärmeübergangs an einem Atkinson-Versuchsmotor. Dies gelingt durch die Messung von instationären Oberflächentemperaturen im Brennraum und einer Umrechnung mittels der Oberflächentemperaturmethode (OTM). Die experimentellen Werte müssen mit dem Wärmeübergang, der durch das zu validierende Modell berechnet wird, verglichen werden. Übergeordnet ergibt sich die folgende Validierungsprozedur:

1. Ausrüstung des Versuchsmotors mit Indizier- und Oberflächentemperaturmesstechnik

2. Messung eines stationären Betriebspunktes

3. Druckverlaufsanalyse zur Berechnung der Massenmitteltemperatur und des modellierten Wärmeübergangs nach Bargende

4. Berechnung lokaler Wärmestromdichten mit der OTM

5. Flächenmäßige Mittelung zur Berechnung eines globalen Wärmeübergangs

6. Vergleich von gemessenen und modellierten Wärmeübergangskoeffizienten

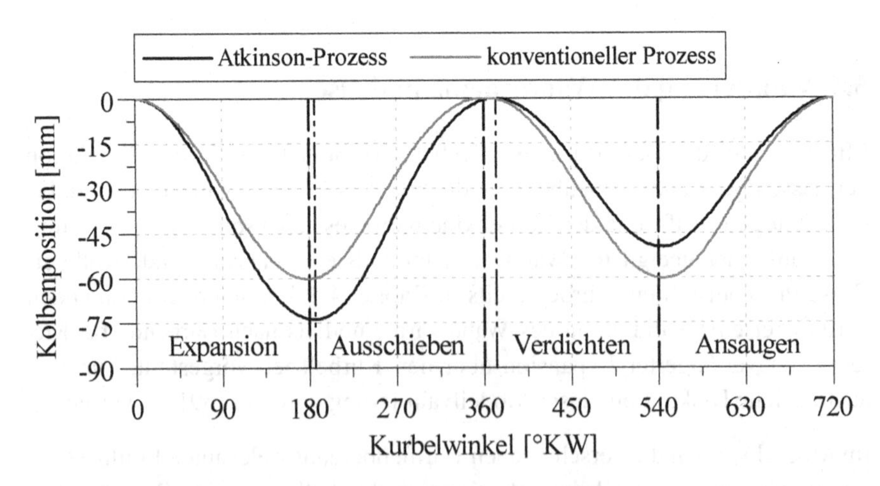

Abbildung 5.18: Kolbenverläufe des Versuchsmotors

Als Versuchsträger dient der Einzylindermotor Honda EXlink [46], ein Atkinson-Motor mit verlängerter Expansion über einen Multilink-Kurbeltrieb. Der Motor wird stationär in einem Betriebspunkt bei 1950 min^{-1} und hoher Last betrieben. Im Rahmen der Validierung ist es notwendig, zu Vergleichszwecken Messungen bei einem konventionellen Motorprozess mit einzubeziehen. Um die verlängerte Expansion zu deaktivieren, wurde der Motor durch einen mechanischen Eingriff modifiziert. Somit wird im Ausgangszustand ein Atkinson-Prozess (Betriebsmodus A) und im modifizierten Zustand ein konventioneller Prozess (Betriebsmodus B) ausgeführt. In Abbildung 5.18 sind die Kolbenverläufe der Kinematik mit und ohne Modifikation veranschaulicht.

Zur Messung der Oberflächentemperaturen im Brennraum wurden im Zylinderkopf (siehe Abbildung 5.19) insgesamt fünf Oberflächenthermoelemente platziert. Diese Anzahl ist für ein Validierungsexperiment ausreichend.

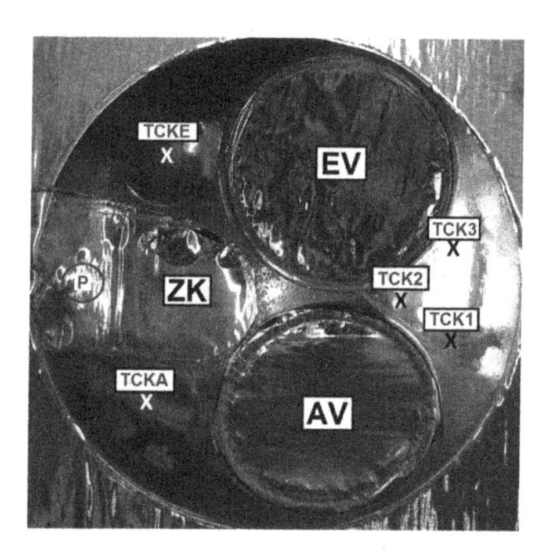

Abbildung 5.19: Platzierung der Messstellen im Zylinderkopf

Es wird in beiden Betriebsmodi der stationäre Betriebspunkt gemessen. Auf Basis der gemessenen Druckverläufe werden anschließend DVAs berechnet, um die nicht messbaren thermodynamischen Größen rechnerisch zu bestimmen. Von Interesse ist dabei die räumlich gemittelte Gastemperatur im Zylinder. Diese wird für die Berechnung des experimentellen Wärmeübergangs benötigt. Außerdem wird innerhalb der DVA der modellierte Wärmeübergang mit dem Modell nach Bargende berechnet. Das Ziel ist, diesen später mit dem experimentell ermittelten Wärmeübergang aus dem Versuch zu vergleichen, um die Gültigkeit des Wandwärmemodells bewerten zu können.

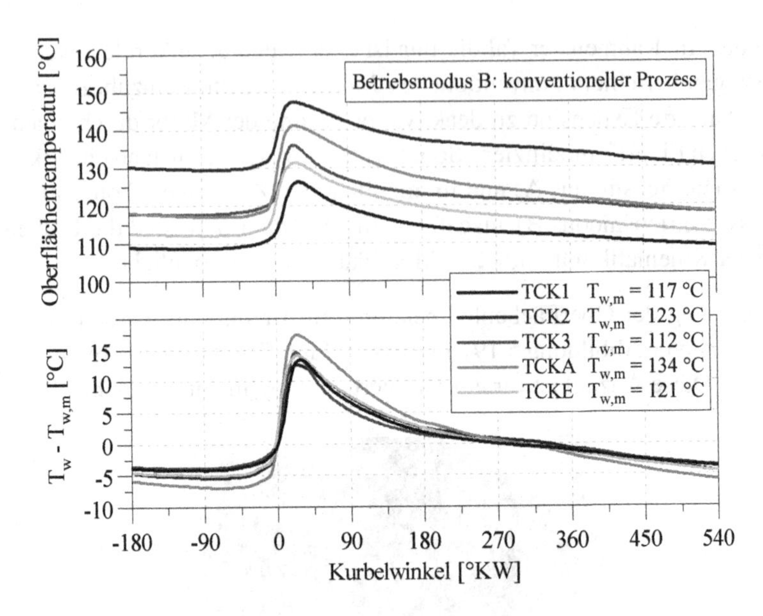

Abbildung 5.20: Oberflächentemperaturen im konventionellen Prozess

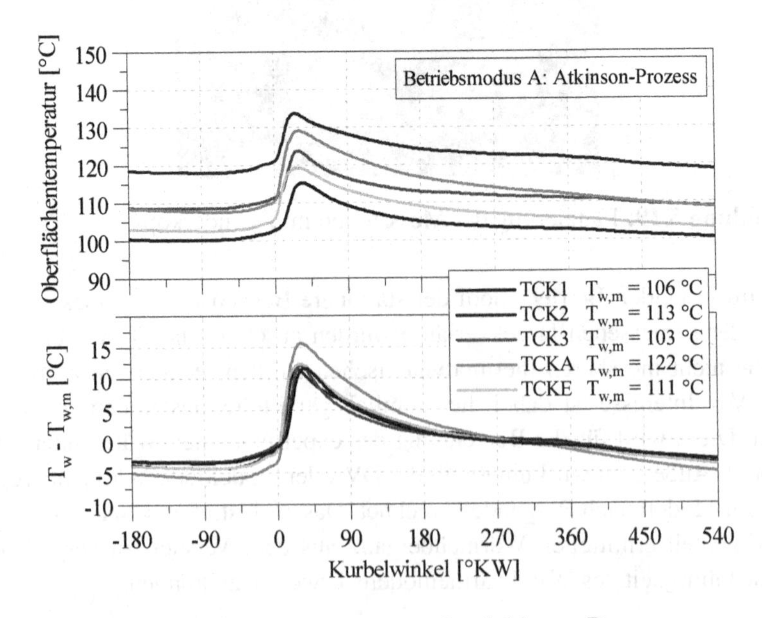

Abbildung 5.21: Oberflächentemperaturen im Atkinson-Prozess

In Abbildung 5.20 sind die gemessenen Oberflächentemperaturen bei dem konventionellen Motorprozess dargestellt, in Abbildung 5.21 die entsprechenden Messergebnisse bei verlängerter Expansion. Aufgrund der inhomogenen Temperaturverteilung im Zylinderkopf liegen die Messwerte auf unterschiedlichen Temperaturniveaus. Die Temperaturschwingungen sind, wie anhand der unteren Graphen ersichtlich ist, bezüglich ihrer Form und Amplitude untereinander sehr ähnlich. Die unterschiedlich steigenden Temperaturgradienten sind auf die fortschreitende Flammenfront im Brennraum zurückzuführen. Die Temperaturverläufe werden dazu verwendet, um mit der OTM (s. Kapitel 2.6.2) lokale Wärmestromdichten (siehe Abbildung 5.22) zu berechnen.

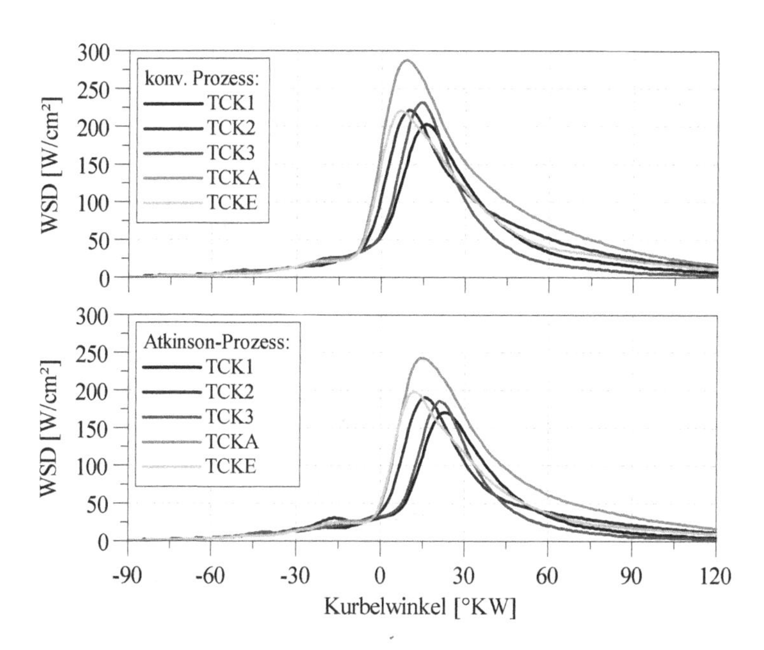

Abbildung 5.22: Berechnete lokale Wärmestromdichten

Da das Wandwärmemodell den globalen Wärmeübergang berechnet, müssen die lokalen Werte in einen globalen Wärmeübergang umgerechnet werden. Dafür ist die Zuordnung der lokalen Werte entsprechend der wärmeübergangsrelevanten Flächen des Brennraumes erforderlich. Es wird eine flächenmäßige Mittelung [8] der lokalen Wärmestromdichten durchgeführt. Das Modell nach Bargende ist bekanntermaßen für den konventionellen Prozess gültig. Daher ist es zulässig, das Mittelungsverfahren so zu wählen, dass sich sehr gute Übereinstimmungen im konventionellen Prozess ergeben. Für den Atkinson-

Prozess werden die Einstellungen und Annahmen exakt übertragen. Falls das Modell für den Atkinson-Prozess nicht gültig ist, werden Modellschwächen in Form von merklichen Abweichungen der modellierten von den experimentellen Werten auftreten. Die gewichteten Wärmeströme können Abbildung 5.23 entnommen werden. Die Summe aller Teilwärmeströme ergibt den globalen Wärmestrom. Es kann bereits erkannt werden, dass sowohl für den konventionellen als auch für den Prozess mit verlängerter Expansion eine recht gute Übereinstimmung mit dem modellierten Wärmestrom besteht.

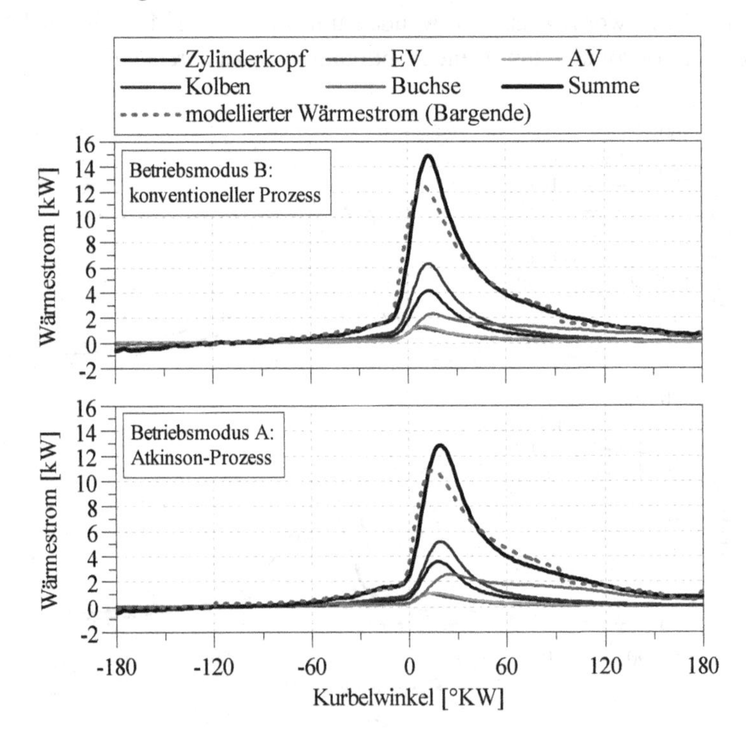

Abbildung 5.23: Berechneter globaler Wärmestrom

Anhand der integralen Wandwärme kann ein genauerer Vergleich von experimentellem und modelliertem Wärmeübergang vorgenommen werden. Die Verläufe sind in Abbildung 5.24 dargestellt. Beim Atkinson-Prozess treten im Hochdruckteil nur minimale Abweichungen zwischen Modell und Experiment auf.

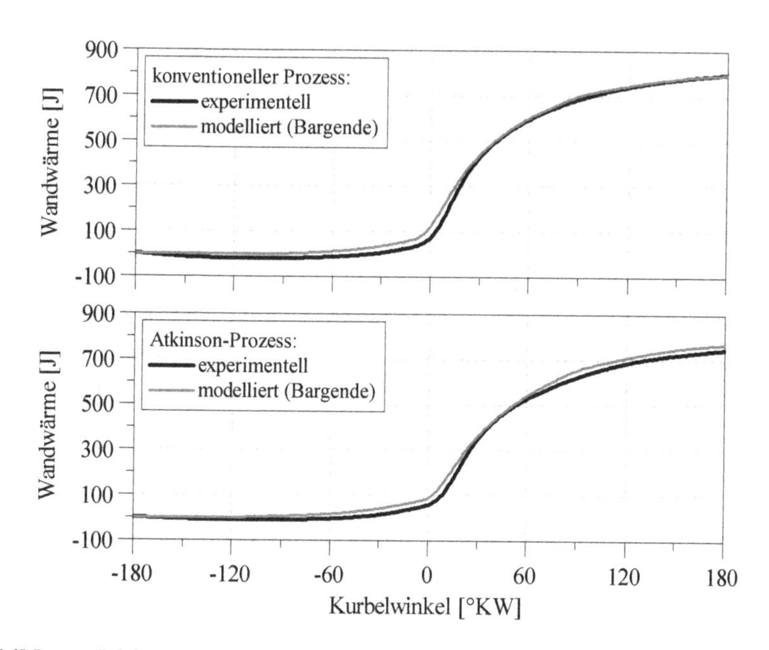

Abbildung 5.24: Integrale Wandwärme, experimentell und modelliert

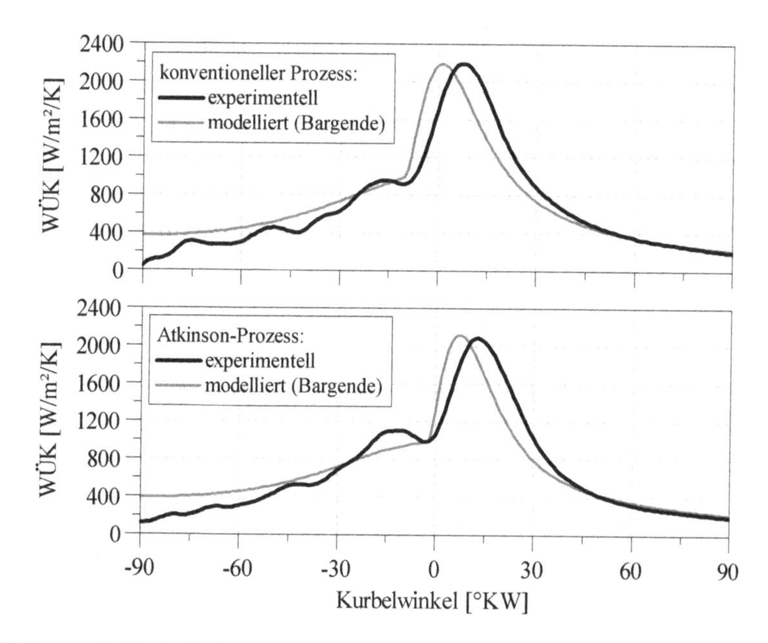

Abbildung 5.25: Validierung des Wärmeübergangsmodells

Anschließend wird der Wärmeübergangskoeffizient (WÜK) α betrachtet, um die Validierung abzuschließen. Dessen modellierter Verlauf ist das primäre Berechnungsergebnis des Wärmeübergangsmodells. Der experimentelle WÜK wird aus der global gemittelten Wärmestromdichte (WSD) rückgerechnet. Der Vergleich in Abbildung 5.25 zeigt sehr gute Übereinstimmungen sowohl beim konventionellen, als auch bei dem Prozess mit verlängerter Expansion.

Bei diesem Modell entstehen keine Fehler bei der Berechnung von Motoren mit verlängerter Expansion über den Kurbeltrieb. Das wird durch die Validierungsergebnisse bestätigt, womit die Gültigkeit des Wandwärmemodells nach Bargende für den Atkinson-Prozess in dieser Arbeit eindeutig nachgewiesen wird.

5.5 Bestimmung der konzeptspezifischen Motorreibung

Jedes der drei Konzepte weist gegenüber einem konventionellen Motor konstruktive Änderungen auf, die in einer erhöhten Motorreibung resultieren. Es wurden verschiedene Ansätze entwickelt, um die Negativeinflüsse zu quantifizieren.

Für das Atkinson- und Miller-Konzept wird durch detaillierte Tribologiesimulationen die zusätzliche Reibung der Kurbeltriebe evaluiert. Daraus werden so genannte Reibkorrekturfaktoren berechnet. Die Ansätze und Berechnungsergebnisse sind innerhalb eines Projekts der Daimler AG entstanden. Die Tribologiesimulationen wurden von einer benachbarten Abteilung durchgeführt und für den Erfolg dieser Arbeit freundlicherweise zur Verfügung gestellt.

Die Reibung des 5-Takt-Konzepts wird auf Basis des gemessenen Reibmitteldrucks von dessen Basismotors berechnet. Der Berechnungsansatz basiert auf einfachen Annahmen. Es konnten keine detaillierten Tribologiesimulationen durchgeführt werden, da die Motorgeometrie noch nicht bekannt ist.

5.5.1 Reibung der Konzepte Atkinson und Miller

Die Kurbeltriebe der Konzepte Atkinson und Miller wurden mit einem Simulationstool für elasto-hydrodynamisch gekoppelte Mehrkörpersysteme (EHD-MKS) modelliert. Es werden alle Bauteile berücksichtigt, die für die Berechnung des entsprechenden Reibkontakts notwendig sind. Dabei werden alle Reibkontakte ausgewertet, die zu einem signifikanten Unterschied bezüglich der Reibleistung beitragen. Als Eingangsgrößen werden neben Geometrie und Kinematik die simulierten Zylinderdruckverläufe und die Kröpfungskräfte benötigt. Die berechnete Reibleistung setzt sich maßgeblich aus der Reibung an den Grund- und Kröpfungslagern und dem Kolbenhemd zusammen.

Bei dem Atkinson-Trieb müssen die weiteren Lagerstellen an Grundlager und Kröpfung der Nebenwelle berücksichtigt werden. Der Miller-Trieb verfügt zwar über einen konventionellen Kurbeltrieb, benötigt jedoch aufgrund des vergrößerten Hub-/Bohrungsverhältnisses einen Lanchester-Ausgleich, um die NVH-Grenzwerte einzuhalten. Dessen Reibleistung nimmt einen großen Anteil an der gesamten Mehrreibung ein.

Um den Simulationsaufwand in Grenzen zu halten, wurden fünf repräsentative, über das Kennfeld verteilte Betriebspunkte ausgewählt. Die Punkte sind so angeordnet, dass eine Interpolation möglich ist. Anhand dieser Betriebspunkte werden mittels Interpolation Reibkorrekturkennfelder berechnet, die später als Eingangsgröße bei der 0D-/1D-Simulation der Konzepte verwendet werden.

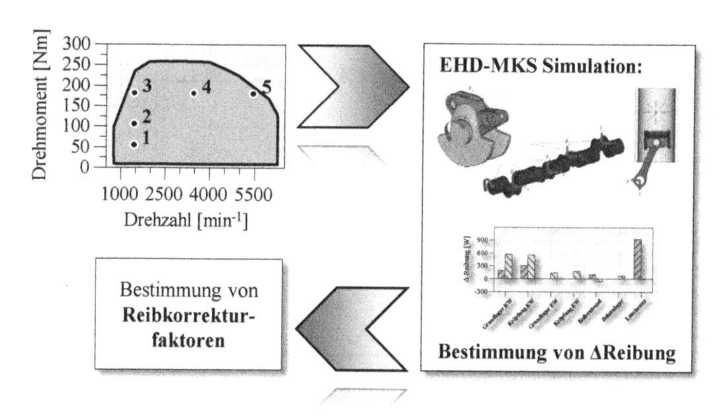

Abbildung 5.26: Methodik zur Bestimmung der Reibungskorrekturfaktoren

Die Ergebnisse der EHD-MKS-Simulationen für die Konzepte Atkinson und Miller sind in Abbildung 5.27 dargestellt.

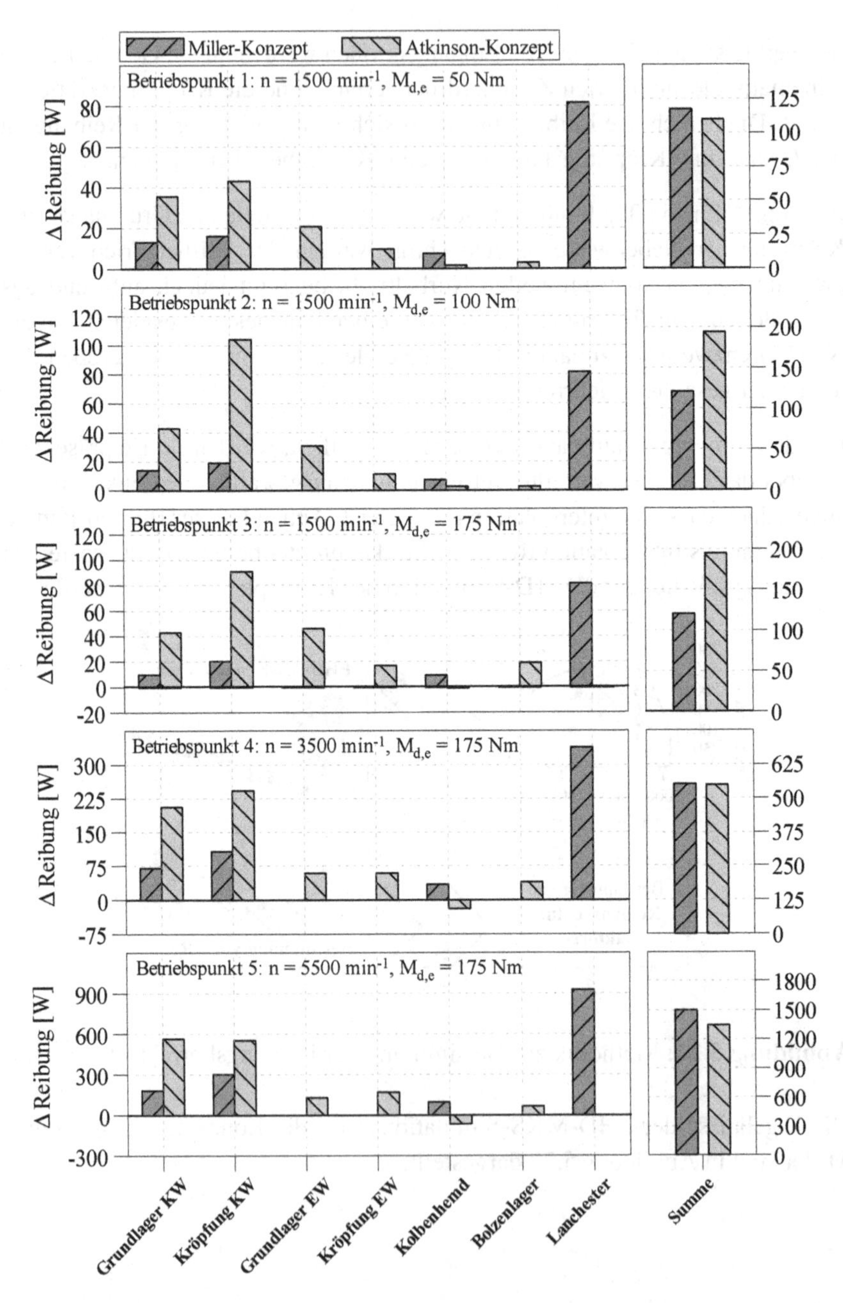

Abbildung 5.27: Mehrreibung des Miller- und Atkinson-Konzepts gegenüber Basismotor 1 in verschiedenen Betriebspunkten

Zur Ermittelung eines betriebspunktspezifischen Reibkorrekturfaktors wird die summierte Differenzreibung $\Delta Reibung$ im entsprechenden Betriebspunkt in ein Verhältnis mit der gesamten Reibleistung des Basismotors gesetzt. Die gesamte Reibleistung des Basismotors wird aus einem vorliegenden Reibmitteldruckkennfeld berechnet.

$$\Delta Reibung = P_{r,KT,Konzept} - P_{r,KT,Basis} = \Delta P_r \quad \text{Gl. 5.1}$$

$$P_{r,ges,neu} = \underbrace{0.5 \cdot n \cdot p_{mr,Basis} \cdot V_H}_{P_{r,ges,Basis}} + \Delta P_r \quad \text{Gl. 5.2}$$

$$f_r = \frac{P_{r,ges,neu}}{P_{r,ges,Basis}} \quad \text{Gl. 5.3}$$

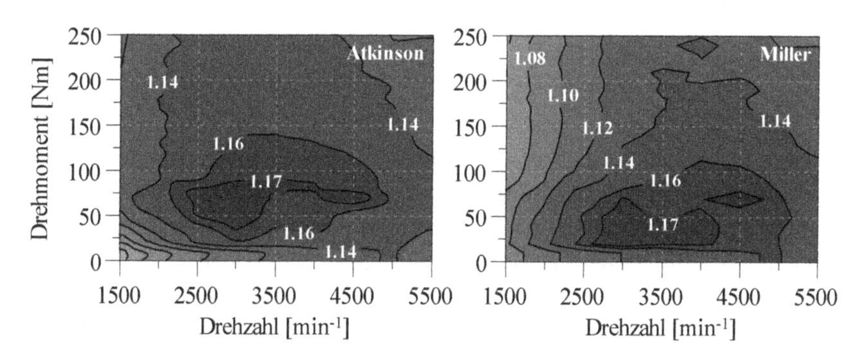

Abbildung 5.28: Reibkorrekturfaktoren von Atkinson- und Miller-Motor

Im Vergleich unterscheiden sich die Reibkorrekturfaktoren beider Motoren nur geringfügig. Die Werte liegen jeweils zwischen 1.08 und 1.18 was einer um 8 bis 18 % erhöhten Reibleistung entspricht. Für den Miller-Motor ergibt sich im Mittel eine Reibleistungssteigerung von 12 %, für den Atkinson-Motor liegt der Mittelwert bei 14 %.

In [56, 95, 114] wird von einem positiven Effekt bezüglich der Reibung durch ein Multilink-Kurbeltrieb berichtet. Aufgrund einer geringeren Pleuelschrägstellung während der Verbrennung ist laut Literatur ein geringerer Reibanteil des Kolbenhemdes zu erwarten. Nach [114] führt dies zu einem Ausgleich, sodass sich keine Mehrreibung ergibt. Die simulativen Untersuchungen in dieser Arbeit zeigen ebenfalls kleine Verbesserungen der Kolbenhemdreibung (vgl. Abbildung 5.27), jedoch fällt der Vorteil sehr gering aus.

5.5.2 Reibung des 5-Takt-Konzepts

Eine exakte Bestimmung der Gesamtreibung des 5-Takt-Konzepts ist in dieser Arbeit nicht möglich. Es müssten alle für eine Reibungsbewertung notwendigen geometrischen Details bekannt sein, um aufwändige Tribologiesimulationen zu bedaten. Im Idealfall sollte ein Prototyp zur Verfügung stehen, der hinsichtlich der Motorreibung vermessen werden kann. Als modellbasierte Lösung existiert der Ansatz nach Fischer [26], der einen Referenzpunkt sowie die konstruktiven Änderungen der Bauteile im Kurbeltrieb als bekannt voraussetzt. Da die genannten Bedingungen nicht erfüllt sind, wurde ein einfacher Ansatz zur Berücksichtigung der spezifischen Motorreibung entwickelt.

Der Reibmitteldruck wird in Anteile für die Verbrennungszylinder und den Expansionszylinder zerlegt, die wiederum entsprechend ihrer Hubraumverhältnisse gewichtet werden:

$$p_{mr,Gesamt} = p_{mr,VZ} \cdot \frac{2 \cdot V_{h,VZ}}{V_{h,ges}} + p_{mr,EZ} \cdot \frac{V_{h,EZ}}{V_{h,ges}} \qquad \text{Gl. 5.4}$$

Als Datengrundlage wird ein p_{mr}-Kennfeld des Vierzylinder-Basismotors verwendet, das aus Indiziermessungen über den Zusammenhang nach Gl. 2.64 ermittelt wurde. Zusätzlich gilt die Annahme, dass der Reibmitteldruck der Verbrennungszylinder dem Basis-Reibmitteldruck entspricht:

$$p_{mr,VZ} = p_{mr,Basis} \qquad \text{Gl. 5.5}$$

Einem einfachen Ansatz zur Abschätzung der Reibverluste nach [48, 79] nimmt für geometrisch und mechanisch ähnliche Motoren der Reibmitteldruck mit zunehmender Motorgröße ab. Es gilt:

$$p_{mr} \sim d^{-0.3} \qquad \text{Gl. 5.6}$$

Für den Reibmitteldruck des Expansionszylinders gilt daher:

$$p_{mr,EZ} = p_{mr,Basis} \cdot \left(\frac{d_{EZ}}{d_{Basis}} \right)^{-0.3} \qquad \text{Gl. 5.7}$$

Das Reibmoment bzw. die Reibleistung wird respektive des Gesamthubvolumens $V_{h,ges}$ berechnet. Im Vergleich zum Basismotor ist die Reibleistung des 5-Takt-Konzepts bis zu 25 % geringer (siehe Anhang, Abbildung A2.6).

5.6 Grenzen der Modellkette

Die Vorgänge im Brennraum werden durch die Submodelle für Ladungsbewegung, Turbulenz, Verbrennung und Klopfen berechnet. Da das Basis-Brennverfahren und die Brennraumgeometrie nicht geändert wurde, sind abgestimmte Modelle auf die vorgestellten Modifikationen übertragbar. Zur Simulation der Verbrennung wird für die Konzepte Atkinson und Miller ein quasidimensionales Entrainment-Modell verwendet. Im Allgemeinen muss bei dieser Modellkette die Fehlerfortpflanzung beachtet werden.

Fehler im Strömungsmodell sowie die Messungenauigkeiten bei der Vermessung des Basismotors am Prüfstand führen zu Abweichungen bei der Berechnung des Ladungszustands bei ES. Dies fließt in die DVA und somit auch in die Abstimmung des Verbrennungsmodells mit ein. Die Abstimmung des Verbrennungsmodells hat gezeigt, dass aufgrund der globalen Abstimmung bzw. aufgrund der Simulation mit einem Parametersatz in den einzelnen Betriebspunkten kleine Abweichungen auftreten. Da diese Abweichungen mit in die Abstimmung des Klopfmodells einfließen, kann keine exakte Übereinstimmung mit den gemessenen Schwerpunktlagen erwartet werden. Der im Klopfmodell verwendete empirische Ansatz basiert auf dem Ansatz nach Franzke [27], der maßgeblich von den Größen Druck- und Temperatur abhängig ist. Es wird versucht, die Vorhersagegüte durch die Berücksichtigung der Vorheizzone und von Hot-Spots zu verbessern. Lokale stochastische Phänomene, wie der Einfluss von heißen Partikeln und Öltröpfchen oder der Einfluss der Gemischzusammensetzung (Restgas, Luftverhältnis) auf Selbstzündungen bleiben unberücksichtigt. In [24] wird über Schwächen von Klopfmodellen dieser Art, bezüglich ihrer Vorhersagefähigkeit der Schwerpunktlage, berichtet. Wie in Kapitel 4.4.2 bereits erläutert, ist bei dem Atkinson-Konzept aufgrund der Kinematik ein höheres Spitzendruckniveau zu erwarten. Bei dem verwendeten Klopfmodell kann unter Betrachtung von Gl. 2.23 gefolgert werden, dass für das Atkinson-Konzept eine erhöhte Klopfneigung berechnet wird. Nach dem heutigem Stand stehen noch keine besseren Mittel zur Verfügung.

Ein weiterer zentraler Punkt in der Modellkette ist die Berechnung der Wandwärmeverluste. Insbesondere für das Atkinson-Konzept wurde ein hoher Aufwand betrieben, um die Gültigkeit des verwendeten Wandwärmemodells sicherzustellen. Bei den übrigen Konzepten wird aufgrund der konventionellen Kinematiken die korrekte Berechnung der Wandwärmeverluste angenommen. Unabhängig von dem verwendeten Wandwärmemodell ist die Vorgabe sinnvoller Wandtemperaturen wichtig, um eine korrekte Abschätzung der Wandwärmeverluste zu erhalten.

Ein genereller Nachteil von einer null- bzw. quasidimensionalen Modellierung ist, dass keine Aussagen zu lokalen Effekten (lokale Temperaturen, Flammenfortschritt) getroffen werden können. So können auch keine stochastischen Turbulenzunterschiede an der Zündkerze, die mitunter für Zyklenschwankungen verantwortlich sind, berücksichtigt werden. Eine Bewertung hinsichtlich der Motorlaufruhe, Geräuschentwicklung (Komfort) oder ggf. erhöhter Leerlaufdrehzahl (Verbrauch) sind nicht möglich. Der Einfluss von Inhomogenitäten im Brennraum kann derzeit nicht abgebildet werden, da in der null- bzw. quasidimensionalen Simulation jede Zone als ideal homogen angesehen wird. Für die Berechnung des thermodynamischen Potenzials im Bestpunktbereich wird die Relevanz dieser Größen als vernachlässigbar eingestuft.

Zuletzt sei erwähnt, dass der Einfluss der Motorreibung in dieser Modellkette nicht durch ein Submodell modelliert wird. Auf der einen Seite existieren keine vorhersagefähigen Reibungsmodelle, auf der anderen Seite müssten alle relevanten geometrischen Parameter der Kurbeltriebe, Zylinder und Kolben bekannt sein, was im Rahmen der vorliegenden Arbeit nicht möglich ist. Da der Einfluss auf den effektiven Kraftstoffverbrauch nicht zu vernachlässigen ist, wurde für die Konzepte Atkinson und Miller mit Hilfe von Tribosimulationen die Mehrreibung bestimmt. Die ermittelten Korrekturwerte sind streng genommen nur für diese Auslegungen gültig und nicht beliebig übertragbar. Der Berechnungsansatz für das 5-Takt-Konzept ist allgemein gültig, jedoch nicht verifiziert. Die Mittel für eine Verifikation des Ansatzes (Prototyp oder detaillierte Tribologiesimulationen) standen nicht zur Verfügung.

Es gibt im Rahmen dieser Arbeit keine Möglichkeit, die Simulationsergebnisse der Konzepte mit experimentellen Ergebnissen abzugleichen. Aufgrund der Verwendung hochqualitativer Messdaten und kalibrierter Strömungsmodelle sowie aufgrund der gewissenhaften Abstimmung der Submodelle und der Berücksichtigung der konzeptspezifischen Motorreibung wird davon ausgegangen, dass mit dieser Modellkette eine belastbare Vorhersage des Kraftstoffverbrauchs erreicht wird.

6 Simulation bestpunktoptimierter Verbrennungsmotoren

6.1 Allgemeine Randbedingungen der Motormodelle

- Die Brennstoffeigenschaften entsprechen einem E10-Benzin Kraftstoff mit dem Heizwert $H_u = 40.89\,\text{MJ/kg}$ und einem stöchiometrischen Verhältnis $L_{st} = 14.21$.
- Die maximale Abgastemperatur vor der Turbine beträgt zum Bauteilschutz 980 °C. Zur Einhaltung der maximal zulässigen Abgastemperatur wird im Grenzbereich ein λ-Regler verwendet.
- Die Verschiebung des Verbrennungsschwerpunkts wird durch die H50-Grenze, die bei 32 °KW n. OT definiert ist, beschränkt.
- Zur Modellierung des Abgasturboladers (ATL) sind vermessene Verdichter- und Turbinenkennfelder im Motormodell hinterlegt.
- Die Ventilsteuerzeiten werden auf einen Ventilhub von 2 mm referenziert.
- Es werden keine Betriebspunkte unterhalb von $M_{d,e} = 20\,\text{Nm}$ simuliert.

6.2 Atkinson-Konzept

Das Ziel ist jeweils eine Auslegung mit dem Fokus auf einen frühen Drehmomenteckpunkt und mit dem Fokus auf eine maximale Nennleistung. Mittels der 0D-/1D-Simulation werden zwei Motorvarianten ausgelegt, die hinsichtlich des Ladungswechsels auf die gegebene Kurbeltriebskinematik abgestimmt sind und sich nur in der verwendeten Aufladevariante unterscheiden.

Durch die simulative Untersuchung wird zu Beginn die für das Konzept optimale Kombination aus Ein- und Auslassventilhubkurven bestimmt. Im Anschluss werden zwei verschieden dimensionierte Aufladevarianten, bzw. die

M. Langwiesner, *Konzepte für bestpunktoptimierte Verbrennungsmotoren innerhalb von Hybridantriebssträngen*, Wissenschaftliche Reihe Fahrzeugtechnik Universität Stuttgart, https://doi.org/10.1007/978-3-658-22893-4_6

erzielbaren Volllastkennlinien miteinander verglichen. Des Weiteren wird geprüft, ob die Kinematik einen Einfluss auf die optimale Verbrennungsschwerpunktlage hat. Zuletzt werden die simulierten Motorkennfelder vorgestellt.

6.2.1 Randbedingungen

Das Simulationsmodell des Atkinson-Konzepts basiert auf dem Motormodell von Basismotor 1. Um die konzeptspezifischen Merkmale abzubilden, sind die folgenden Änderungen im Motormodell notwendig:

- Die Kolbenbewegung wird durch die Vorgabe des Kolbenpositionsverlaufs entsprechend der Kinematik (siehe Kapitel 4.4.2) festgelegt
- Das Expansionsverhältnis beträgt $\varepsilon_E = 14.2$
- Es werden die Ventilsteuerzeiten von Basismotor 1 eingestellt. Um den von der Kinematik hervorgerufenen Offset des Kolben-OTs zu berücksichtigen, werden sie auf den LWOT bei 385 °KW referenziert
- Im k-ε-Modell des Wärmeübergangsmodells wird die mittlere Kolbengeschwindigkeit auf den Ansaug- und Verdichtungshub bezogen
- Die Motorreibung wird durch ein Korrekturkennfeld (siehe Kapitel 5.5.1) angepasst

6.2.2 Optimierung des Ladungswechsels

Die Kinematik des Atkinson-Kurbeltriebs führt zu Verschiebungen der Totpunkte und demnach zu zeitlichen Veränderungen der einzelnen Hübe. Diese Gegebenheiten betreffen den Ladungswechselvorgang, weshalb eine Optimierung der Steuerzeiten durchgeführt wird. Die Zielgröße dieser Optimierung ist ein möglichst hohes Drehmoment bei niedrigen Drehzahlen.

Da die Dauer des Ansaughubes um 15 °KW verkürzt ist, wird bei Verwendung der standardmäßigen Einlassventilhubkurve bei Kompressionsbeginn ein Teil der Ladung wieder aus dem Zylinder geschoben. Um dies zu vermeiden, muss die Einlass-Öffnungsdauer verkürzt werden. Die Dauer des Ausschiebehubes ist in gleichem Maße verlängert, sodass theoretisch eine längere Öffnungsdauer des Auslassventils von Vorteil ist. Allerdings ist bei Aufladekonzepten mit Mono-Scroll-ATL meist eine kurze Auslassventilöffnungsdauer von Vorteil, um die Zündfolgentrennung bei niedrigen Drehzahlen zu realisieren [99].

Die Ergebnisse der untersuchten Ventiltriebskonfigurationen werden in Abbildung 6.1 dargestellt. In der Basiskonfiguration werden für die Ein- und Auslassventile Hubprofile mit einer Öffnungsdauer von 165 °KW verwendet.

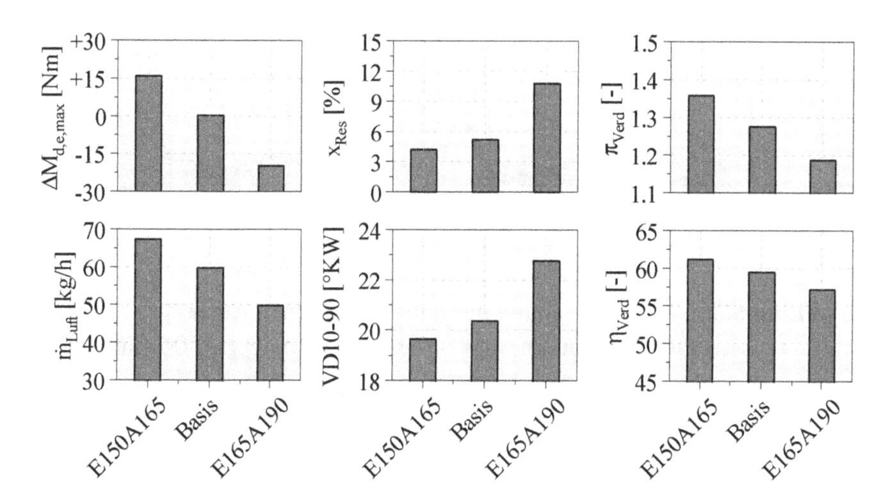

Abbildung 6.1: Maximaldrehmoment und weitere Kenngrößen bei der Ventilhubkurvenvariation, $n = 1500\,\text{min}^{-1}$, H50 = 25 °KW

In der Konfiguration „E150A165" ist die Einlass-Öffnungsdauer von 165 °KW auf 150 °KW verkürzt worden, um ein Ausschieben bei Kompressionsbeginn zu verhindern. Gegenüber dem standardmäßigen Ventilhubprofil wird die Füllung der Zylinder verbessert, ersichtlich anhand des erhöhten Luftmassenstromes. Folglich kann pro Arbeitsspiel eine höhere Brennstoffmasse umgesetzt und das Drehmoment gesteigert werden. Durch den höheren Abgasenthalpiestrom steigt die Turbinen- bzw. Verdichterleistung und es folgt eine Steigerung des Verdichter-Druckverhältnisses. Dadurch verschiebt sich der Betriebspunkt des Verdichters in einen Bereich höheren Wirkungsgrades. Als Resultat dieser Kaskade ergibt sich ein gegenüber der Basiskonfiguration deutlich gesteigertes effektives Maximaldrehmoment $M_{d,e,max}$.

In der Konfiguration „E165A190" ist die Auslass-Öffnungsdauer um 15 °KW verlängert worden. Mit dieser Konfiguration tritt ein erhöhter Restgasgehalt und ein verringertes Maximaldrehmoment auf. Um die Herkunft dieses Sachverhalts zu erläutern, ist in Abbildung 6.2 die Wirkung der verlängerten Auslass-Öffnungsdauer auf den Ladungswechsel verdeutlicht.

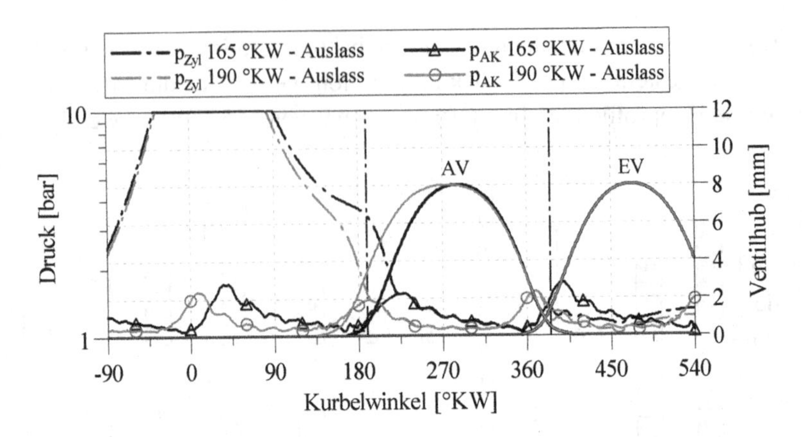

Abbildung 6.2: LW-Untersuchung mit unterschiedlichen Auslass-Öffnungsdauern, max. Drehmoment bei $n = 1500\,\text{min}^{-1}$

Das frühere Auslass-Öffnen hat einen Druckabfall vor dem Abschluss der Expansionsphase zur Folge. Das Ausschieben findet auf einem niedrigeren Druckniveau statt, sodass die Ladungswechselverluste sinken. Allerdings liegt nun der Abgasstoß des (in der Zündfolge) nächsten Zylinders im Bereich des Ladungswechsels. Somit wird Abgas über den Auslasskanal (AK) zurück in den Zylinder befördert und führt zu einem Anstieg des Restgasgehalts. Für ein möglichst hohes Drehmoment ist ein geringer Restgasgehalt von Vorteil. Zudem kann heißes Restgas die Klopfneigung erhöhen. Deshalb wird von dem Einsatz verlängerter Auslass-Öffnungsdauern abgesehen. Für alle weiteren Untersuchungen wird die Konfiguration „E150A165“, also mit unverändertem Auslass- und verkürztem Einlassventilhubprofil gewählt.

6.2.3 Volllastkennlinie

Bei der Wahl von Aufladevarianten muss beachtet werden, dass die Kolbenbewegung des Atkinson-Konzeptes gemäß der Auslegung zu einem verkürztem Ansaug- und Verdichtungshub führt. Das Ansaughubvolumen ist dadurch mit 1.08 L im Vergleich zu Basismotor 1 mit 1.33 L um ca. 20 % geringer. Basismotor 1 erreicht den Drehmomenteckpunkt mit $M_{d,e} = 260\,\text{Nm}$ bei $1625\,\text{min}^{-1}$, die Nennleistung von 100 kW wird bei $5500\,\text{min}^{-1}$ erzielt.

Das Motorkonzept wird mit zwei verschieden dimensionierten ATL-Varianten simuliert. Um bereits bei niedrigen Drehzahlen ein hohes Drehmoment erreichen zu können, muss der Ladedruck zur Kompensation des verringerten Ansaughubvolumens gesteigert werden. Dafür wird eine kleine Dimensionierung des ATL verwendet (ATL 1). Zum Erzielen einer möglichst hohen Nennleistung ist allerdings eine große Dimensionierung erforderlich (ATL 2). Die Variante ATL 2 entspricht der Aufladeeinheit von Basismotor 1. Die simulierten Volllastkennlinien von beiden Varianten sind in Abbildung 6.3 dargestellt.

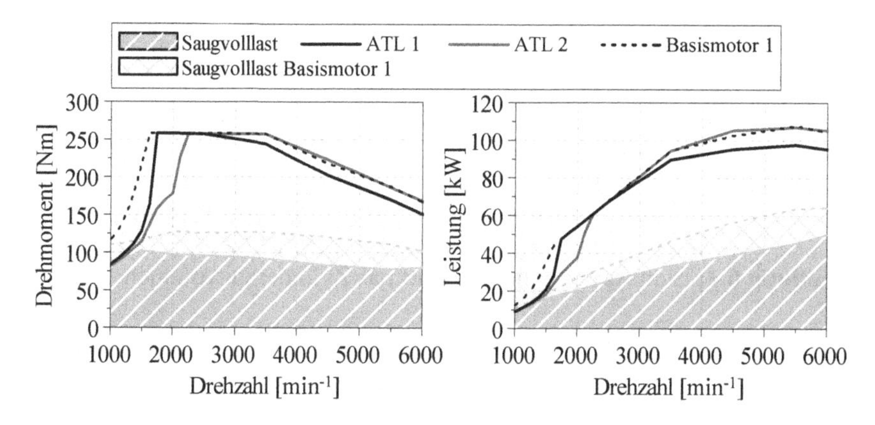

Abbildung 6.3: Volllastkennlinien des Atkinson-Konzepts

Das bei dem Grundladedruck (Wastegate ist vollständig geöffnet) erreichte Drehmoment wird als Saugvolllast bezeichnet und nimmt mit der Drehzahl leicht ab. Die Saugvolllastkennlinien unterscheiden sich zwischen den Aufladevarianten nicht. Die Volllastkennlinien hingegen weisen merkliche Unterschiede auf. Mit ATL 1 wird bereits bei einer Drehzahl von 1750 min^{-1} das maximale Drehmoment erreicht. Mit ATL 2 liegt der Drehmomenteckpunkt zwar erst bei 2250 min^{-1}, andererseits wird ab 3000 min^{-1} eine um bis zu 10 kW höhere Motorleistung erzielt.

6.2.4 Einfluss der Kinematik auf die Verbrennung

Aus der Kurbeltriebskinematik resultiert eine spezifische Charakteristik des Volumenverlaufs, auf die im Folgenden eingegangen wird. In Abbildung 6.4 sind im rechten Diagramm die unterschiedlichen Verläufe in der Nähe des ZOT veranschaulicht. In diesem Bereich ist die Volumenänderung bei dem Atkinson-Konzept deutlich geringer. Der Grund hierfür ist eine langsamere Kolbengeschwindigkeit im Bereich des ZOT. Aufgrund dieser Tatsache liegt das

Zeitfenster, in dem die Verbrennung typischerweise stattfindet, bei kleineren Zylindervolumina.

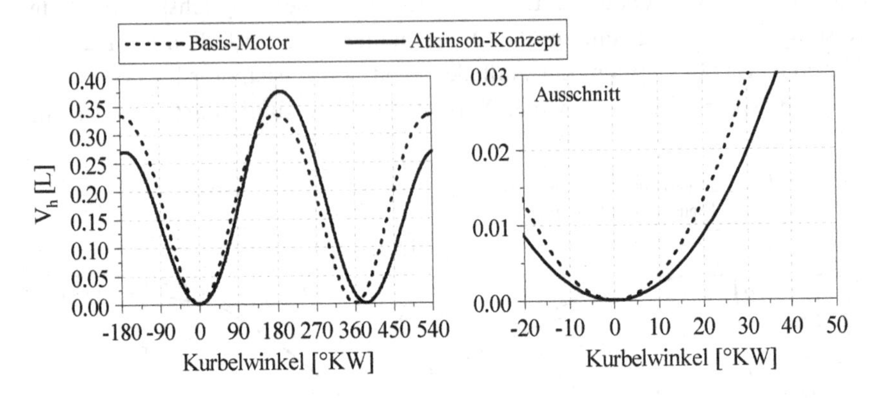

Abbildung 6.4: Einfluss der Kinematik auf das Zylinderhubvolumen

Unter der Annahme, dass der Brennverlauf $dQ_B/d\varphi$ dem des Basismotors entspricht, lassen sich folgende Merkmale des Atkinson-Konzepts ableiten:

- Der Gleichraumgrad des Motorprozesses ist abhängig von dem Kolbenverlauf (bzw. von der Kinematik) sowie von der Lage der Verbrennung.
- Da der Kolben während der Verbrennung länger in OT-Nähe verweilt, nimmt der Gleichraumgrad der Verbrennung zu.

In einem adiabaten Motorprozess steigt durch einen höheren Gleichraumgrad der Gütegrad und somit auch der indizierte Wirkungsgrad. In [115] wird erläutert, dass mit einem höheren Gleichraumgrad in der Realität ein Wirkungsgradverlust aufgrund höherer Wandwärmeverluste einhergeht. Durch diese gegenläufigen Effekte liegt die optimale Verbrennungsschwerpunktlage im Bereich von 6 bis 8 °KW n. OT. Da bei dem Atkinson-Konzept bereits aufgrund des Volumenverlaufs ein höherer Gleichraumgrad resultiert, stellt sich die Frage, ob die optimale Lage des Verbrennungsschwerpunkts weiterhin in dem bekannten Bereich oder aufgrund des genannten Sachverhalts bei späteren Schwerpunktlagen liegt.

An dieser Stelle wird die Lage des Optimums unter Verwendung des abgestimmten Verbrennungsmodells untersucht. Dabei wird die Schwerpunktlage H50 von 0 bis 16 °KW n. OT variiert und anschließend der indizierte Wirkungsgrad η_i betrachtet. Der Verlauf des indizierten Wirkungsgrades über der

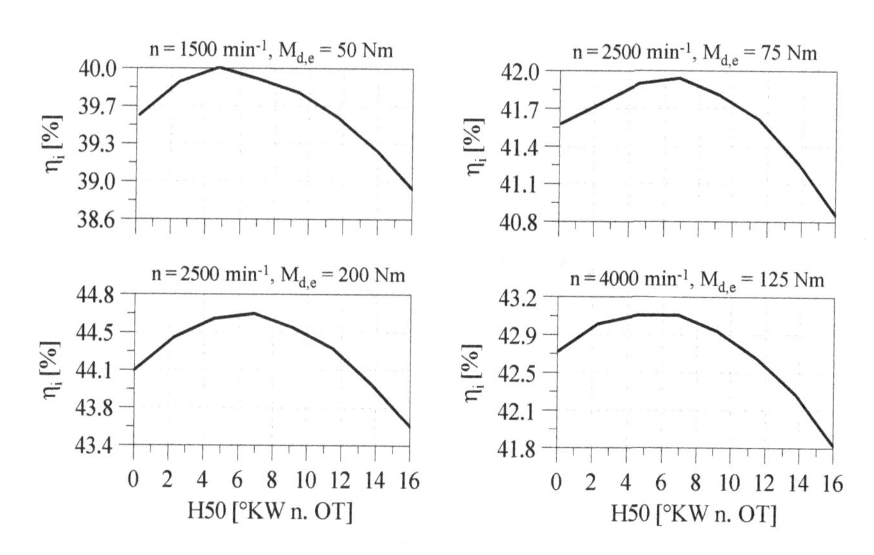

Abbildung 6.5: Indizierter Wirkungsgrad über H50 in vier verschiedenen Betriebspunkten

Schwerpunktlage zeigt nach Abbildung 6.5 die für Verbrennungsmotoren typische Charakteristik. Bei späten Verbrennungslagen nimmt die Brenndauer zu und der Gleichraumgrad ab, sodass der Wirkungsgrad stark abnimmt. Je früher die Lage der Verbrennung, desto höher der Gleichraumgrad und die Wandwärmeverluste. Dementsprechend sinkt der Wirkungsgrad bei OT-nahen Verbrennungsschwerpunktlagen. Das H50-Optimum befindet sich allerdings in allen untersuchten Betriebspunkten im üblichen Bereich von 6 bis 8 °KW nach OT. Die Kinematik hat somit einen geringen Einfluss auf die wirkungsgradoptimale Schwerpunktlage.

6.2.5 Motorkennfeld

Im Folgenden wird von zwei Varianten des Atkinson-Konzepts jeweils das simulierte Verbrauchskennfeld dargestellt. Die Varianten unterscheiden sich nur in der verwendeten ATL-Variante entsprechend Kapitel 6.2.3.

Generell sind die Charakteristiken der Kennfelder, also die Lage des Bestpunktes, die Größe des Bestpunktbereichs, der Verbrauch im Bestpunkt sowie der maximale Verbrauch sehr ähnlich und unterscheiden sich maßgeblich durch die unterschiedlichen Volllastkennlinien.

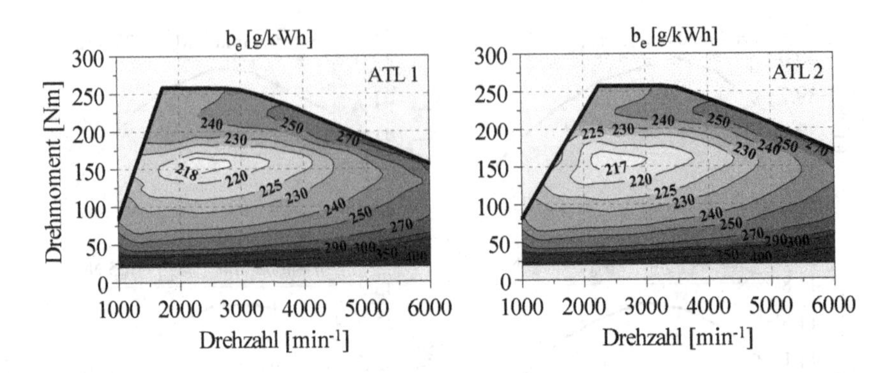

Abbildung 6.6: Motorkennfelder des Atkinson-Konzepts

Die Aufladeeinheit ATL 2 ist im Vergleich zu ATL 1 für etwas größere Abgasmassenströme ausgelegt. Aufgrund der größer dimensionierten Turbine entsteht bei gleichem Abgasmassenstrom ein geringeres Turbinendruckverhältnis und somit ein geringerer Abgasgegendruck. Damit einhergehend führen die geringeren Ladungswechselverluste im aufgeladenen Bereich im Vergleich zur Aufladeeinheit ATL 1 zu einem um ca. 1 % niedrigeren effektiven spezifischen Kraftstoffverbrauch b_e. Der niedrigste Verbrauch im Bestpunkt wird daher mit ATL 2 erreicht. Die erzielbare Nennleistung sowie der Bereich des maximalen Drehmoments werden in Tabelle 6.1 aufgelistet.

Tabelle 6.1: Maximaldrehmoment und Nennleistung des Atkinson-Konzepts

Atkinson-Konzept	ATL 1	ATL 2
$P_{e,max}$	98 kW @ 5500 min^{-1}	108 kW @ 5500 min^{-1}
$M_{d,e,max}$	260 Nm	260 Nm
im Bereich	1750 - 3000 min^{-1}	2500 - 3500 min^{-1}

6.3 Miller-Konzept

6.3.1 Randbedingungen

Das Simulationsmodell des Miller-Konzepts basiert ebenfalls auf dem Motormodell von Basismotor 1. Zudem werden die gleichen ATL-Varianten wie bei dem Atkinson-Konzept verwendet. Somit ist eine bestmögliche Vergleichbarkeit der beiden Konzepte gegeben.

Für die Simulation des Prozesses mit verlängerter Expansion über das Miller-Verfahren gilt:

- Der Kolbenhub wird verlängert, sodass er dem Expansionshub des Atkinson-Konzepts (91.5 mm) entspricht.
- Das Expansionsverhältnis beträgt $\varepsilon_E = 14.2$
- Es wird eine Einlass-Ventilhubkurve mit deutlich verkürzter Öffnungsdauer verwendet. Der maximale Ventilhub ist in dem Maße verringert, dass die maximale Ventilbeschleunigung nicht erhöht wird.
- Es werden die Ventilsteuerzeiten von Basismotor 1 eingestellt
- Die Motorreibung wird durch ein Korrekturkennfeld angepasst

6.3.2 Auswahl der Einlassventilhubkurve

In Kapitel 4.5.4 wurde die EV-Öffnungsdauer bestimmt und eine zugehörige Ventilhubkurve (FES105) generiert. Zunächst wird geprüft, ob die Wahl des FES105-Profils tatsächlich eine sinnvolle Auslegung für das Miller-Konzept darstellt. Dafür wird die einlassseitige Ventilhubkurve und somit die Öffnungsdauer variiert. Unter Verwendung des Klopfmodells werden zwei auslegungsrelevante Betriebspunkte betrachtet. Je kürzer die EV-Öffnungsdauer gewählt wird, desto weiter wird das effektive Verdichtungsverhältnis abgesenkt.

Zunächst wird das mit ATL 1 maximal erzielbare Drehmoment bei einer niedrigen Motordrehzahl ermittelt. Der Sollwert beträgt 260 Nm. Da von einer ähnlichen Lage des Drehmomenteckpunktes wie beim Atkinson-Konzept ausgegangen werden kann, wird als Drehzahl $n = 2000\,\text{min}^{-1}$ gewählt. Die Variation der einlassseitigen Ventilhubkurven ist in Abbildung 6.7 veranschaulicht.

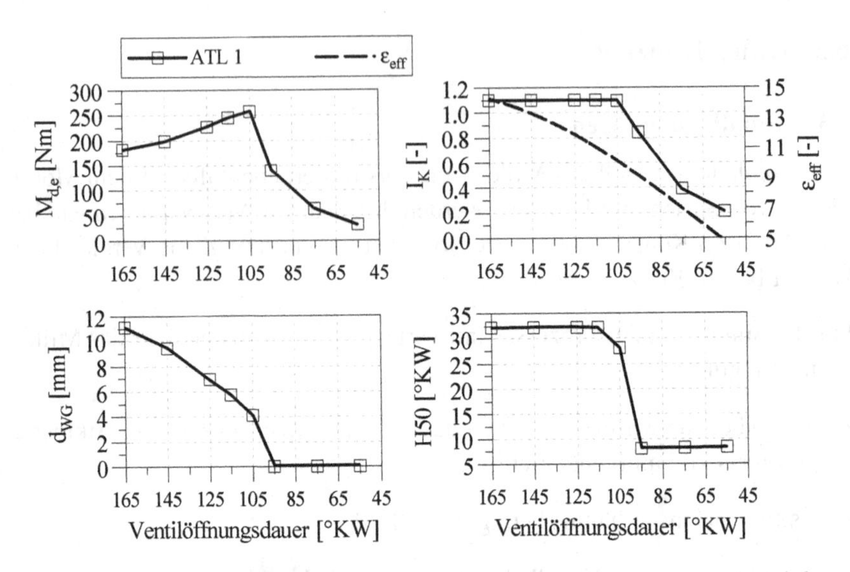

Abbildung 6.7: EV-Hubkurvenvariation im Drehmomenteckpunktbereich, $n = 2000\,\text{min}^{-1}$, maximal erzielbares Drehmoment

Der Sollwert wird nur bei einer Ventilöffnungsdauer von 105 °KW erreicht. Bei Ventilöffnungsdauern unterhalb von 105 °KW kommt die Aufladeeinheit an ihre Grenze. Sehr geringe Ventilöffnungsdauern können nicht mehr durch einen höheren Ladedruck ausgeglichen werden, da das Wastegate bereits vollständig geschlossen ist. Der Verdichter befindet sich an seiner Pumpgrenze. Bei längeren Öffnungsdauern steigt die Klopfneigung aufgrund der höheren effektiven Verdichtungsverhältnisse rapide an. Durch spätere Schwerpunktlagen kann das so lange ausgeglichen werden, bis die definierte H50-Grenze erreicht ist. Darüber hinaus wird das maximale Drehmoment über den Wastegatedurchmesser d_{WG} begrenzt, damit der Klopfgrenzwert I_K nicht überschritten wird.

In Abbildung 6.8 wird die maximal erzielbare Nennleistung abhängig von der Ventilöffnungsdauer untersucht. Dafür werden beide Aufladevarianten unter Variation der Einlass-Hubkurven bei $n = 5500\,\text{min}^{-1}$ simuliert.

Die höchste Leistung wird jeweils mit einer Ventilöffnungsdauer von 115 °KW erreicht. Gegenüber des FES105-Profils wäre somit ein Leistungsvorteil von ca. 2 % erzielbar. Auf der anderen Seite steigt die Klopfneigung mit längeren Öffnungsdauern, sodass aufgrund späterer Schwerpunktlagen der Verbrauch bei Nennleistung verschlechtert wird. Zudem müsste bei längeren Öffnungsdauern wie bereits erwähnt das maximale Drehmoment bei niedrigen Drehzahlen begrenzt werden. Für das Miller-Konzept wird daher die Ventilhubkurve mit 105 °KW Öffnungsdauer ausgewählt.

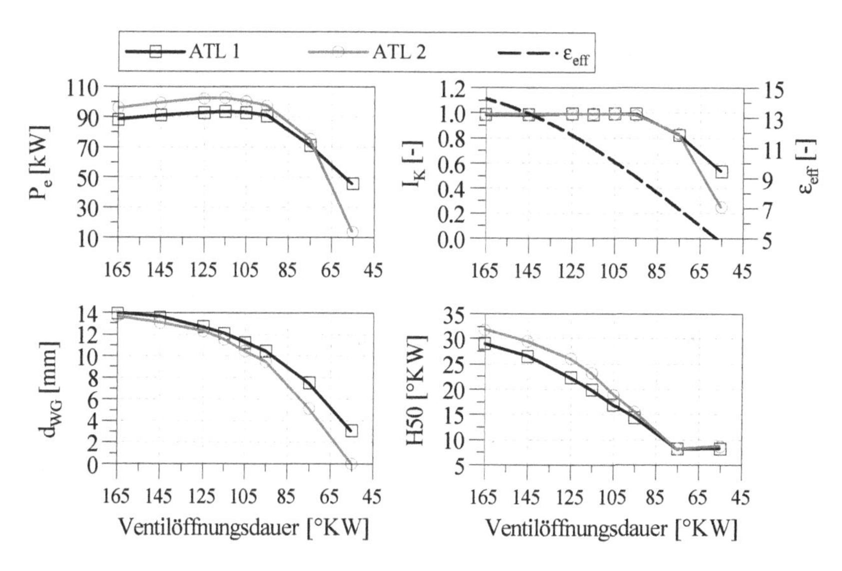

Abbildung 6.8: EV-Hubkurvenvariation im Nennleistungsbereich, $n = 5500\,\text{min}^{-1}$, maximal erzielbare Motorleistung

6.3.3 Volllastkennlinie

Bei dem Miller-Konzept steht aufgrund des frühen Einlassschlusses weniger Zeit zur Füllung des Zylinders zur Verfügung. Die Anforderung an die Aufladung ist, diesen Effekt durch einen höheren Ladedruck auszugleichen. Die Volllastkennlinien sind in Abbildung 6.9 dargestellt. Mit zunehmender Motordrehzahl sinkt die absolute Öffnungsdauer der Einlassventile, gleichzeitig steigt der Luftdurchsatz. Es kommt erschwerend hinzu, dass aufgrund des geringeren Ventilhubes die Strömungsbeiwerte der Einlassventile kleinere Werte annehmen, d. h. die Ventildurchströmung ist bei hohen Luftdurchsätzen besonders verlustbehaftet. Aus diesem Grund kommt es zu einem ungewöhnlich starken Absinken der Saugvolllast- und Volllastkennlinien. Nach dem Erreichen des Drehmomenteckpunktes sinkt das erzielbare Drehmoment stetig und es ergibt sich kein Drehmomentplateau.

Im Vergleich zu dem Atkinson-Konzept verschiebt sich der Drehmomenteckpunkt durch das Miller-Verfahren hin zu höheren Drehzahlen. Mit ATL 1 wird

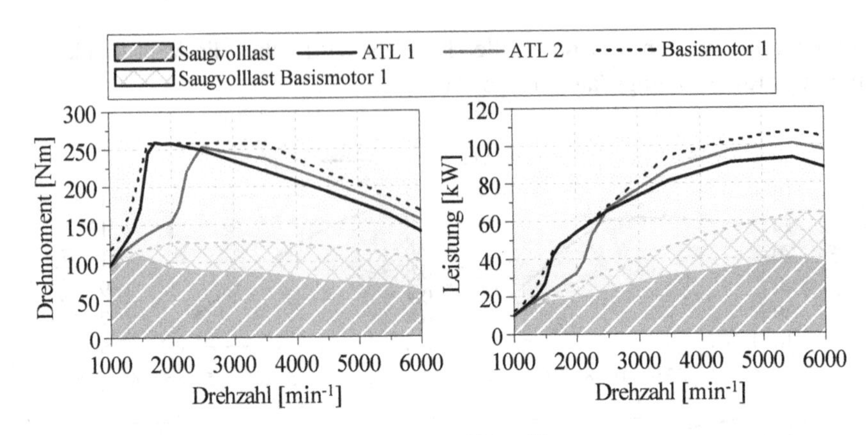

Abbildung 6.9: Volllastkennlinien des Miller-Konzepts

das maximale Drehmoment bei einer Drehzahl von 1875 min^{-1} erreicht. Mit ATL 2 liegt der Drehmomenteckpunkt bei 2500 min^{-1}, gleichzeitig resultiert eine ca. 7 kW höhere Nennleistung. Allerdings ist das Drehmoment bis zu einer Drehzahl von 2000 min^{-1} sehr niedrig, d. h. das so genannte Turboloch ist mit ATL 2 sehr ausgeprägt.

6.3.4 Motorkennfeld

Im Folgenden werden die simulierten Verbrauchskennfelder beider Varianten dargestellt.

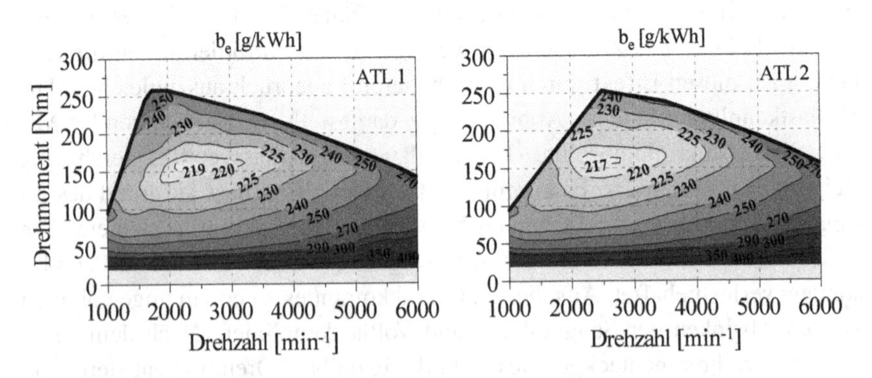

Abbildung 6.10: Motorkennfelder des Miller-Konzepts

Wie auch bei dem Atkinson-Konzept, ist der Kraftstoffverbrauch im aufgeladenen Bereich bei der Variante ATL 2 etwas geringer als bei ATL 1. Eine detaillierte Bewertung und ein direkter Vergleich zu dem Atkinson-Konzept folgt in Kapitel 6.5.

Die erzielbare Nennleistung sowie der Bereich des maximalen Drehmoments wird in Tabelle 6.2 aufgelistet.

Tabelle 6.2: Maximales Drehmoment und Nennleistung des Miller-Konzepts

Miller-Konzept	ATL 1	ATL 2
$P_{e,max}$	93 kW @ 5000 min^{-1}	101 kW @ 5500 min^{-1}
$M_{d,e,max}$	260 Nm	250 Nm
im Bereich	1750 - 2000 min^{-1}	2500 - 2750 min^{-1}

6.4 5-Takt-Konzept

6.4.1 Randbedingungen

Das Modell des 5-Takt-Konzepts basiert auf dem Motormodell von Basismotor 2. Ausgehend von dem Vierzylinder-Modell wurde der Strömungspfad angepasst und die zwei innenliegenden Zylinder durch einen Expansionszylinder ersetzt. Der Expansionszylinder (EZ) ist mit den Verbrennungszylindern (VZ) durch eine Überströmperipherie (Ventile, Überströmkanäle) verbunden.

Im Gegensatz zu den Konzepten Atkinson und Miller sind verschiedene geometrische Parameter noch unbestimmt. Zunächst ist das Motormodell bzgl. des Bohrungsdurchmessers des Expansionszylinders und der Überströmperipherie parametrierbar. Diese so genannten Designparameter werden in einem Auslegungsprozess mittels 0D-/1D-Simulation festgelegt.

Es wird dafür in mehreren Schritten vorgegangen:

1. Zunächst wird die Sensitivität der einzelnen Designparameter auf den spezifischen indizierten Kraftstoffverbrauch b_i in zwei Referenzbetriebspunkten bewertet. Die Designparameter werden einzeln variiert um Quereinflüsse zu

reduzieren. Als Referenzbetriebspunkte werden der Bestpunkt (3000 min^{-1} und 125 Nm) und Nennleistungspunkt (6000 min^{-1} und 140 Nm) gewählt. Die Lage des Bestpunktes wurde geschätzt.

2. Mit DoE-Simulationen wird eine gemeinsame Parametervariation in den Referenzbetriebspunkten durchgeführt. Die geometrischen Parameter werden festgelegt, sodass eine konstruktive Ausgestaltung der Überströmperipherie durchgeführt werden kann.

3. Darauf aufbauend wird der auf den zuvor festgelegten Größen basierende Motorprozess simuliert. Mittels DoE werden betriebspunktindividuell verbrauchsoptimale Steuerzeiten ermittelt. Weitere Maßnahmen zur Effizienzsteigerung werden untersucht. Abschließend können Verbrauchskennfelder berechnet werden.

Des weiteren gelten folgende Randbedingungen:

- Alle Zylinder besitzen die gleiche Hublänge
- Das Verdichtungsverhältnis $\varepsilon_K = 10.5$ entspricht Basismotor 2.
- Die Brennverläufe werden als unverändert angesehen. Die Verbrennungsmodellierung erfolgt mittels Vibe-Brennverläufen, die auf Messungen von Basismotor 2 parametriert sind.
- Das Gesamtexpansionsverhältnis ist vom Hubvolumen des EZ abhängig (siehe Gl. 4.9). Der Expansionszylinder selbst besitzt ein OT-Volumen entsprechend $\varepsilon = 14$.
- Der Strömungsverlust eines Überströmkanals wird im jeweiligen Einlassventil-Strömungsbeiwert des Expansionszylinders berücksichtigt
- Für die Berechnung des Wärmeübergangs im Überströmkanal wird die Wandinnentemperatur durch einen Temperatursolver berechnet.
- Die Motorreibung wird gemäß des Ansatzes aus Kapitel 5.5.2 berechnet
- Die Aufladeeinheit basiert auf gemessenen Kennfeldern

6.4.2 Sensitivitätsanalyse

Durch den Bohrungsdurchmesser des Expansionszylinders d_{EZ} wird das effektive Gesamtexpansionsvolumen und somit auch das Expansionsverhältnis des Gesamtprozesses bestimmt. Des weiteren sind die Ventildurchmesser d_V von d_{EZ} abhängig. Je größer d_{EZ}, desto größer können die Ein- und Auslassventile des Expansionszylinder gestaltet werden. Für die nachfolgenden Parameteruntersuchungen werden die Ventildurchmesser vorerst entsprechend einem Verhältnis von $d_V/d_{EZ} = 0.35$ vorgegeben.

Die Variation des Bohrungsdurchmessers des EZ ist in Abbildung 6.11 für beide Referenzbetriebspunkte dargestellt. Mit größeren Werten nimmt der spezifische Verbrauch in beiden Referenzpunkten ab. Im Bestpunkt ist die Verbesserung ab einem Wert von 120 mm allerdings vernachlässigbar gering.

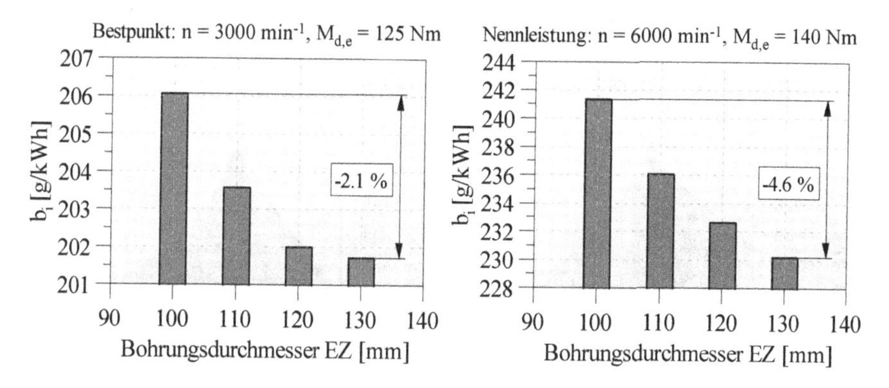

Abbildung 6.11: Einfluss des Bohrungsdurchmessers auf b_i

Kleinere Durchmesser führen zu einem geringeren Hubvolumen während der Nachexpansion, wodurch sich ein höherer Druck im EZ ergibt. Auf der einen Seite resultiert dadurch ein höheres indiziertes Drehmoment im EZ, auf der anderen Seite steigt die Überschiebearbeit der VZ. Es ergibt sich ein Trade-Off aus dem Drehmomentgewinn des EZ und den Ladungswechselverlusten der VZ (siehe Anhang, Abbildung A2.1). In der Teillast steigt der Verbrauch mit größeren d_{EZ} deutlich an (siehe Anhang, Abbildung A2.3). Daher werden die folgenden Parametervariationen mit $d_{EZ} = 120$ mm berechnet.

Als nächstes stellt sich die Frage, ob das OT-Volumen im EZ einen Einfluss auf den Verbrauch hat. Das OT-Volumen im EZ stellt ein Totvolumen dar und sollte daher generell möglichst klein gewählt werden. Durch Verkleinerung des Totvolumens tritt allerdings eine sehr geringe Verbrauchsänderung in der Größenordnung von weniger als 0.2 % auf (siehe Anhang, Abbildung A2.4). Die Begründung dafür ist, dass das OT-Volumen absolut gesehen sehr klein ist und das Volumen des Überströmkanals, welches ebenfalls ein Totvolumen bildet, im Vergleich viel größer ist. Als nächstes wird daher der Einfluss des Überströmkanal-Totvolumens untersucht. Dafür wird das Kanalvolumen bei konstantem Durchmesser variiert (siehe Anhang, Abbildung A2.5). Aus den Ergebnissen wird gefolgert, dass ein Überströmkanal mit möglichst geringem Volumen, bzw. ein möglichst kurzer Kanal angestrebt werden sollte.

Die Durchmesser der EZ-Ventile wurden bisher durch das Verhältnis zu d_{EZ} von 0.35 festgelegt. Bei Zylinderköpfen mit schräg angeordneten Ventilen können nach [94] Verhältnisse bis zu einem Wert von 0.45 erzielt werden. In dem nachstehenden DoE wird dieses Verhältnis von 0.3 bis 0.5 variiert. Der maximale Ventilhub ist in einem festen Verhältnis an den Ventildurchmesser gekoppelt, sodass die vom Ventil freigegebene Strömungsfläche ungefähr der Querschnittsfläche des Überströmkanals entspricht.

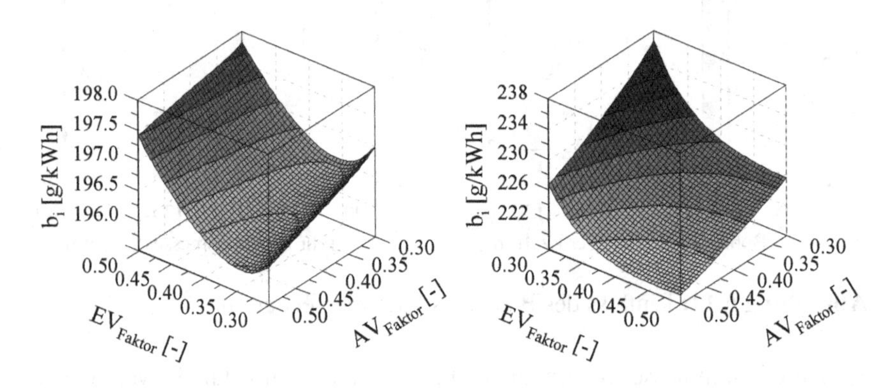

Abbildung 6.12: DoE-Ergebnisse der Ventildurchmesser, links: Bestpunkt, rechts: Nennleistungspunkt

In beiden Referenzpunkten sinkt der Verbrauch linear mit vergrößerten Auslassventilen. Die Auswertung der Ergebnisse lässt folgern, dass die Auslassventile größer als die Einlassventile gewählt werden sollten. Im Expansionszylinder findet das Ausströmen auf einem niedrigeren Druckniveau als das Einströmen statt, insofern ist eine solche Auslegung sinnvoll. Für einen guten Verbrauch bei Nennleistung sollten zudem möglichst große Einlassventile gewählt werden.

Abschließend stehen die Steuerzeiten und Ventilhubprofile im Fokus. Es wird zunächst darauf verzichtet, die EV-Steuerzeiten der Verbrennungszylinder zu verändern, da sie den Nachexpansionsprozess nicht direkt beeinflussen. Es werden entsprechend der Erkenntnis in [11] die Ventilschluss-Steuerzeiten der beiden Ventile, die den Überströmkanal einschließen, gleich gesetzt. Nach [11] und [102] ist der 5-Takt-Prozess sensibel gegenüber einem Druckabfall im Überströmkanal. Durch DoE-Simulationen können in beiden Referenzpunkten optimale Öffnungsdauern und Steuerzeiten gefunden werden.

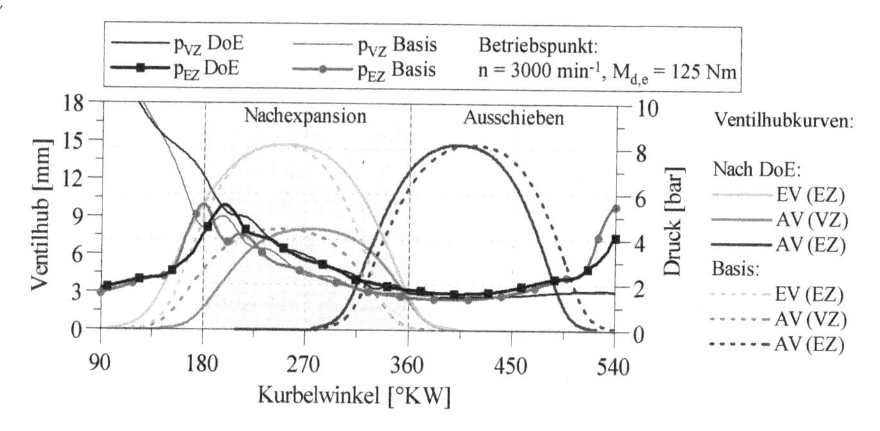

Abbildung 6.13: Einfluss der Steuerzeiten auf den Nachexpansionsvorgang

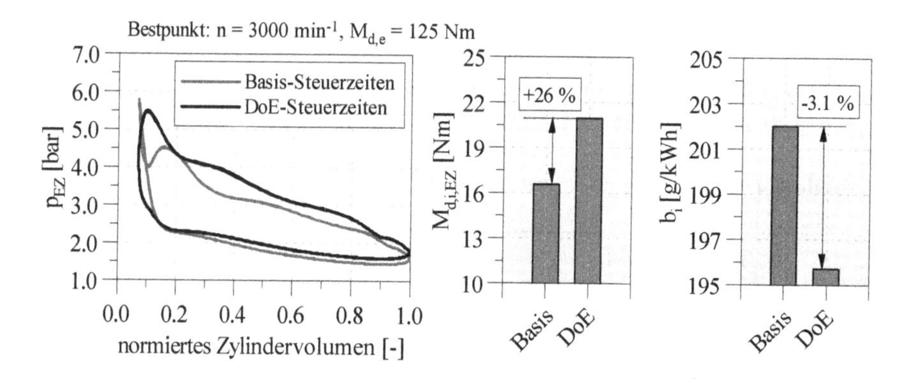

Abbildung 6.14: Einfluss der Steuerzeiten auf den Nachexpansionsvorgang

Aus Abbildung 6.13 und Abbildung 6.14 wird ersichtlich, dass eine Vorkompression im Überströmkanal von Vorteil ist. Dadurch wird ein Druckabfall verhindert und die Nachexpansion kann auf einem höheren Druckniveau ablaufen. Das indizierte Drehmoment des Expansionszylinders wird durch diese Optimierung erkennbar gesteigert, als Konsequenz sinkt der indizierte Verbrauch um weitere 3 bis 4 %.

6.4.3 Festlegung der Motorauslegung

Die gewonnenen Erkenntnisse werden genutzt, um eine finale Auslegung festzulegen. Die konstruktive Auslegung des Überströmkanals ist wiederum von dem Bohrungsdurchmesser und von den maximalen Ventildurchmessern, welche bei gegebener Bohrung im Zylinderkopf untergebracht werden können, abhängig. Daher wird eine DoE-Simulation genutzt, um in den Referenzbetriebspunkten mittels eines Optimierers den optimalen Bohrungsdurchmesser d_{EZ} zu ermitteln. In der Simulation werden neben d_{EZ} auch die Steuerzeiten variiert, sodass Quereinflüsse aufgrund nichtidealer Steuerzeiten ausgeschlossen werden können. Die Ergebnisse sind in Tabelle 6.3 zusammengefasst.

Tabelle 6.3: DoE-Ergebnisse zur Auslegung des 5-Takt-Konzepts

Betriebspunkt	d_{EZ} [mm]	b_i [g/kWh]
$n = 3000\ \text{min}^{-1}, M_{d,e} = 125$ Nm	130.5	196.1
$n = 6000\ \text{min}^{-1}, M_{d,e} = 140$ Nm	140	223.2

Für einen optimalen Verbrauch ergeben sich sehr große Bohrungsdurchmesser, die jedoch erhebliche Package-Nachteile bedeuten. Zum Vergleich werden die Referenzbetriebspunkte mit einem vorgegebenen Bohrungsdurchmesser von $d_{EZ} = 120$ mm simuliert, wobei nur die Steuerzeiten optimiert werden.

Tabelle 6.4: DoE-Ergebnisse mit $d_{EZ} = 120$ mm

Betriebspunkt	d_{EZ} [mm]	b_i [g/kWh]	Δb_i [%]
$n = 3000\ \text{min}^{-1}, M_{d,e} = 125$ Nm	120 (Fixwert)	196.6	0.25 %
$n = 6000\ \text{min}^{-1}, M_{d,e} = 140$ Nm	120 (Fixwert)	227.1	1.75 %

Wie Tabelle 6.4 zu entnehmen ist, sind die Verbrauchsnachteile mit einer kleineren Bohrung gering. Für das 5-Takt-Konzept wird somit der Durchmesser $d_{EZ} = 120$ mm festgelegt. Es folgt die Ausgestaltung der Überströmkanäle.

In Abbildung 6.15 ist der konstruierte Überströmkanal dargestellt. Anstelle von zwei Auslassventilen pro VZ bietet die Verwendung eines vergrößerten einzelnen Auslassventils Vorteile im Hinblick auf eine geringe Kanaloberfläche. Die Ventilanordnung der VZ wurde um 170° gedreht, um einen möglichst kurzen Überströmkanal zu realisieren. Die Kanalgeometrie wurde in das Motormodell übertragen. Dieser Kanal ist hinsichtlich des Volumens kleiner als in den bisherigen Annahmen, daraus folgt ein weiterer Verbrauchsvorteil.

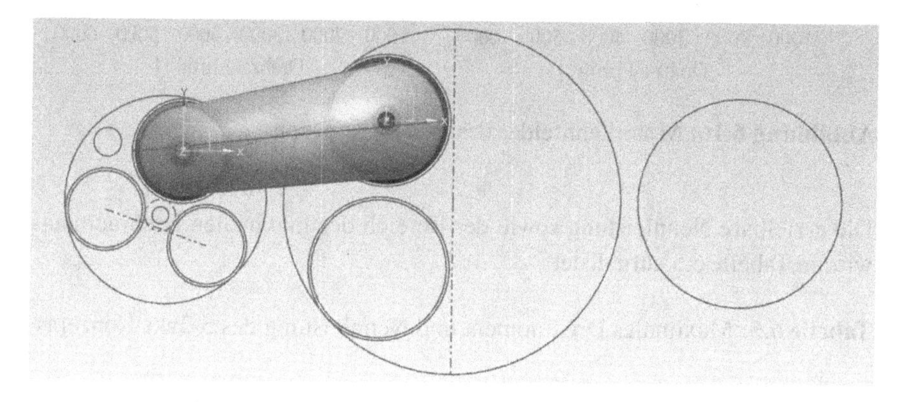

Abbildung 6.15: Ventilanordnung und Überströmkanal

6.4.4 Motorkennfeld

In Abbildung 6.16 sind die Verbrauchskennfelder von zwei verschiedenen Varianten des 5-Takt-Konzepts dargestellt. Es wurden zuvor mittels DoE-Simulationen im gesamten Kennfeldbereich optimale Steuerzeiten bestimmt.

Bei Variante 1 wurde das Konzept nicht weiter modifiziert. Variante 2 hingegen beinhaltet weitere Maßnahmen zur Effizienzsteigerung. Die Überströmkanäle sowie die Auslasskanäle des EZ sind mit einer Luftspaltisolierung versehen. Für den EZ wird angenommen, dass sich durch die Isolierung eine höhere Zylinderwandtemperatur ergibt und somit der Wärmeübergang reduziert wird. Zudem werden durch ein vor die Turbine geschaltetes Stauvolumen die Druckpulsationen verringert, um den Turbinenwirkungsgrad zu verbessern. Mit diesen Maßnahmen lassen sich weitere Verbrauchsvorteile von 2-3 % erzielen, gleichzeitig wird der Drehmomenteckpunkt verbessert, sodass im weiteren Verlauf der Arbeit ausschließlich Variante 2 betrachtet wird.

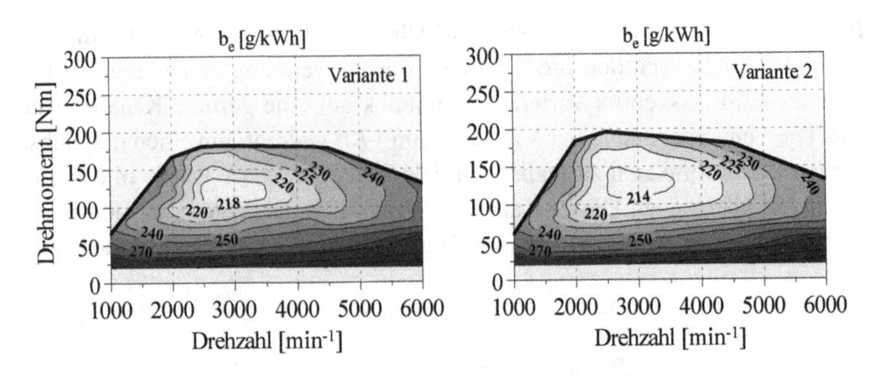

Abbildung 6.16: Motorkennfelder des 5-Takt-Konzepts

Die erzielbare Nennleistung sowie der Bereich des maximalen Drehmoments wird in Tabelle 6.5 aufgelistet.

Tabelle 6.5: Maximales Drehmoment und Nennleistung des 5-Takt-Konzepts

5-Takt-Konzept	Variante 1	Variante 2
$P_{e,max}$	80 kW @ 5500 min^{-1}	81 kW @ 5500 min^{-1}
$M_{d,e,max}$	180 Nm	180 Nm
im Bereich	2500 - 4500 min^{-1}	2000 - 4500 min^{-1}

6.5 Bewertung und Vergleich der Motorkonzepte

Das Ziel ist es, die Motorkonzepte miteinander zu vergleichen und bezüglich ihrer Einzelverluste zu bewerten. Dabei werden die Konzepte Atkinson und Miller jeweils mit der Aufladevariante ATL 1 gegenüber Basismotor 1 verglichen. Dies bietet sich an, da beide Konzepte auf demselben Grundmotor basieren.

Das 5-Takt-Konzept wird ebenfalls hinsichtlich seiner Verluste analysiert und bewertet. Der direkte Vergleich mit den anderen Konzepten hingegen ist nicht sinnvoll, da die Hubraum- bzw. Leistungsklasse aufgrund der an den Motor gestellten Anforderungen deutlich abweicht. Zudem treten durch die veränderte Prozessführung zusätzliche Verluste auf. Daher wird die Bewertung des 5-Takt-Konzepts separat aufgeführt.

6.5.1 Beschreibung der Bewertungsmethodik

Es wird die Methode der Verlustteilung angewendet (siehe Kapitel 2.8.2). Der Mehrwert dieser Methode ist die Möglichkeit eines quantitativen Vergleichs von Konzepten bezüglich jener Wirkungsgraddifferenzen, die durch die verschiedenen Einzelverluste entstehen. Infolgedessen können Stellhebel für Optimierungsmaßnahmen identifiziert werden, ohne eine Vielzahl berechneter Größen und Kennwerte miteinander vergleichen zu müssen.

Diese Verlustteilung erfolgt (außer für das 5-Takt-Konzept) durch das Postprocessing der Simulationsdaten mit einer internen DVA-/APR-Software der Daimler AG. Für die automatisierte Datenverarbeitung wurde ein MATLAB-Skript erstellt.

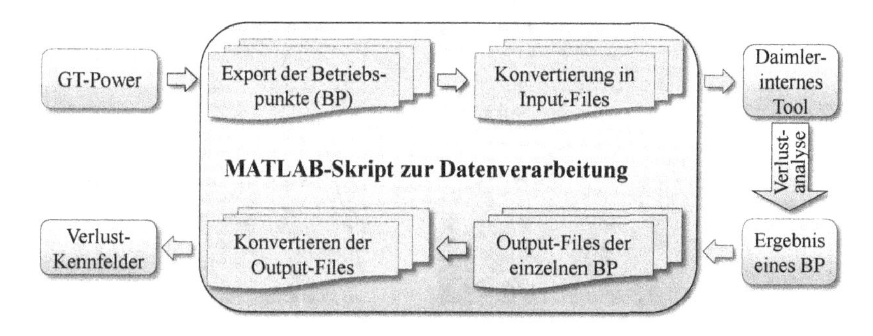

Abbildung 6.17: Programmablauf der automatisierten Verlustteilung [81]

Für die Berechnung der Verlustteilung werden der Zylinderdruck- und Volumenverlauf, Kenngrößen (Effektiver Mitteldruck, Motordrehzahl, Luft- und Kraftstoffmasse, Restgasgehalt) und weitere Randbedingungen (Emissionen, stöchiometrisches Verhältnis, Heizwert des Kraftstoffs) benötigt. Die Aufgabe des Skripts ist es, die benötigten Daten aus den GT-Power-Ergebnissen zu exportieren und an das Daimler-interne Tool zu übergeben. Durch eine Stapelverarbeitung werden alle simulierten Betriebspunkte analysiert und die Verlustteilungsergebnisse so aufbereitet, dass Verlustkennfelder erstellt werden können. Das 5-Takt-Konzept ist nicht mit der beschriebenen Methodik analysierbar, da sich der Arbeitsprozess auf zwei thermodynamische Systeme aufteilt. Damit der Vorgang des Überschiebens korrekt analysiert werden kann, wurde die Verlustteilung innerhalb der 1D-Simulationssoftware durchgeführt. Durch das sukzessive Abschalten der Verluste in der gleichen Reihenfolge können die Wirkungsgraddifferenzen ermittelt werden. Es wurde demgemäß eine Anzahl verschiedener Modellvarianten erstellt, die durch die Reihenfolge der Verlustteilung charakterisiert ist. Dabei ist es wichtig, die zugeführte Luft- und Brennstoffmasse eines Betriebspunktes in allen Modellvarianten konstant zu halten.

6.5.2 Bewertung des Atkinson- und Millerkonzepts

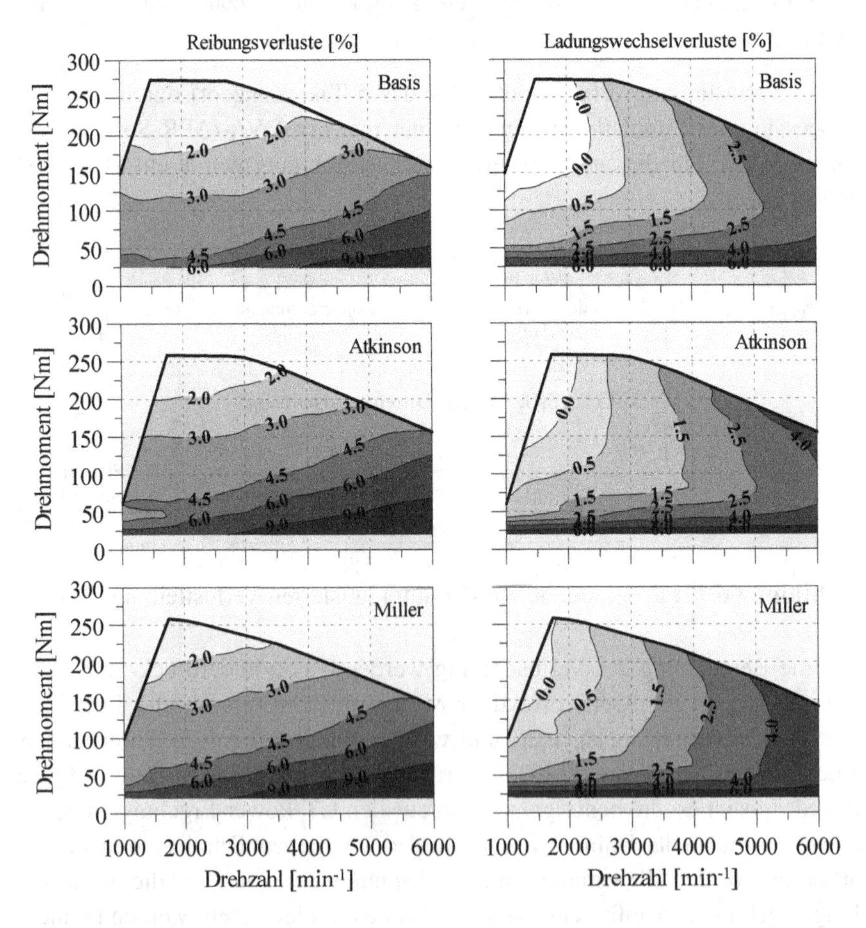

Abbildung 6.18: Verlustkennfelder von Reibung und Ladungswechsel

Verlust durch Reibung:
Der Wirkungsgradverlust durch Motorreibung und Nebenaggregate ist in Abbildung 6.18 links dargestellt. Der Verlust nimmt mit höheren Drehzahlen zu. Mit zunehmender Last nimmt der Verlust durch Reibung geringe Werte an, da die Reibleistung dann, gemessen an der abgegebenen Motorleistung, einen kleineren Anteil einnimmt. Die Konzepte Atkinson und Miller unterscheiden sich nur wenig voneinander.

Gegenüber dem Basismotor weisen beide Konzepte höhere Verluste auf, da der Reibmitteldruck aufgrund von konstruktiven Veränderungen im Kurbeltrieb erhöht ist. Die Differenzkennfelder sind in Abbildung 6.19 dargestellt. Im unteren Lastbereich ergibt sich ein zusätzlicher Reibungsverlust von 0.5 - 2.5 %, im oberen Lastbereich beträgt das Delta weniger als 0.5 %.

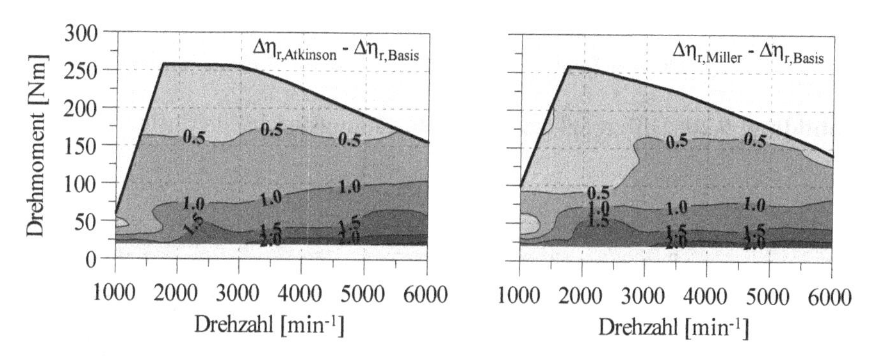

Abbildung 6.19: Differenzkennfelder der Reibungsverluste

Ladungswechselverluste:
Die Ladungswechselverluste weisen unter den verschiedenen Motoren sehr ähnliche Charakteristiken auf. Hohe Ladungswechselverluste entstehen zum einen aufgrund der Androsselung bei niedrigen Lasten und zum anderen durch die Ausschiebearbeit gegen den Abgasgegendruck. Der Gegendruck steigt mit zunehmender Motorleistung an und spielt daher vor allem bei hohen Drehzahlen eine Rolle. Im Bereich des Drehmomenteckpunktes nimmt der Verlust aufgrund einer positiven Ladungswechselarbeit negative Werte an. Dieser Bereich ist bei diesen beiden Konzepten allerdings deutlich kleiner als bei Basismotor 1.

In Abbildung 6.20 sind die Wirkungsgraddifferenzen gegenüber dem Basismotor aufgetragen. Beide Konzepte weisen im unteren Lastbereich ähnliche bzw. sogar geringere Ladungswechselverluste auf. Dies durch einen Entdrosselungseffekt erklärbar, der konzeptionell bedingt durch den verkürzten Ansaughub hervorgerufen wird. Auffälligerweise sind bei dem Miller-Konzept die Ladungswechselverluste bei höheren Drehzahlen im Vergleich zu dem Atkinson-Konzept deutlich größer.

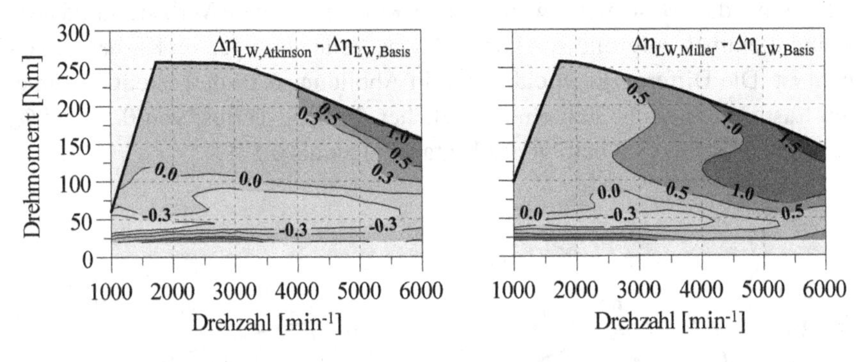

Abbildung 6.20: Differenzkennfelder der Ladungswechselverluste

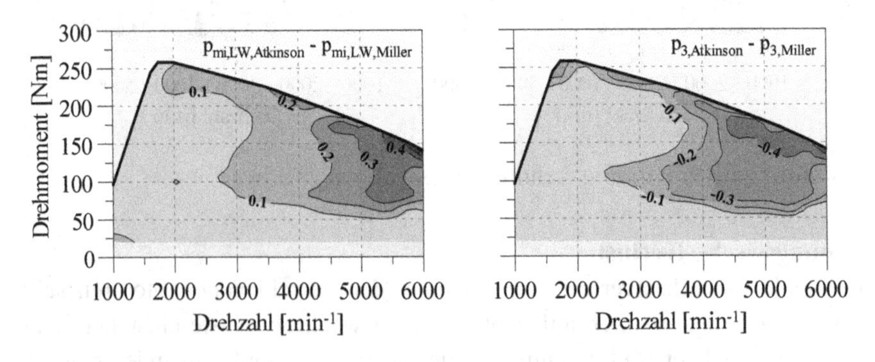

Abbildung 6.21: Differenzkennfelder des Ladungswechselmitteldrucks und Abgasgegendrucks

Um den Unterschied im Ladungswechsel zwischen dem Atkinson- und Miller-Konzept zu verstehen, sind in Abbildung 6.21 die Differenzen der Größen Ladungswechselmitteldruck $p_{mi,LW}$ und Abgasgegendruck p_3 dargestellt. Die absolute Zeit, die für die Füllung des Zylinders zur Verfügung steht, sinkt mit steigender Drehzahl. Das Miller-Konzept ist bei hohen Drehzahlen aufgrund des Einlassventilhubprofils mit kurzer Ventilöffnungsdauer benachteiligt. Zusätzlich sind mit dem kleineren Ventilhub geringere Durchflussbeiwerte verbunden, sodass höhere Druckverluste am Einlassventil entstehen. Als Konsequenz ist gegenüber dem Atkinson-Konzept ein deutlich höherer Ladedruck notwendig, um das entsprechende Drehmoment bei hohen Drehzahlen aufzubauen. Zur Bereitstellung eines höheren Ladedrucks wird ein größeres Druckverhältnis an der Turbine benötigt. Dies wird durch Schließen des Wastegates, wodurch der auf die Turbine geleitete Abgasmassenstrom erhöht wird, erreicht. Diese Aufstauwirkung wirkt allerdings erhöhend auf den Abgasgegendruck womit gleichzeitig ein Anstieg des Ladungswechselverlusts resultiert. Somit kann die geringere Nennleistung des Miller-Konzepts erklärt werden: Durch das Miller-Ventilhubprofil entstehen zusätzliche Druckverluste, die ausgeglichen werden müssen. Daher kommt die Aufladeeinheit früher an ihre Grenze.

Expansionsverluste:
Ein Expansionsverlust entsteht durch ein frühes Auslass-Öffnen bzw. durch den damit verbundenem Abfall des Zylinderdrucks. Dieses Verfahren findet Anwendung, um die Ausschiebearbeit zu verringern. Allerdings kann die Expansionsphase nicht bis UT genutzt werden, sodass für einen hohen Motorwirkungsgrad ein Kompromiss aus Ladungswechsel- und Expansionsverlusten gefunden werden muss. Die Expansionsverluste liegen bei den untersuchten Motoren in einem Wertebereich von weniger als 0.2 % und werden daher nicht weiter betrachtet.

Wandwärmeverluste:
Die Wandwärmeverluste der Motoren zeigen ebenfalls ähnliche Charakteristiken. Mit zunehmender Drehzahl treten geringere Verluste auf, da die absolute Zeit für den Wärmeübergang geringer wird. Mit der Zunahme der Last nimmt der Verlust kleinere Werte an, da der relative Anteil der Wandwärme bezogen auf die geleistete Arbeit des Motorprozesses sinkt.

Gegenüber dem Basismotor weisen die Konzepte Atkinson und Miller im gesamten Kennfeld höhere Wandwärmeverluste auf. Das ist zum einen auf den längeren Kolbenhub in den Takten Expansion und Ausschieben zurückzuführen, wodurch sich eine größere wärmeübergangsrelevante Oberfläche ergibt. Und zum anderen auf die mit dem größeren Hub-/Bohrungsverhältnis verbundene höhere Kolbengeschwindigkeit in der Expansionsphase, die eine Erhöhung des Wärmeübergangskoeffizienten bewirkt (siehe Anhang, Abbildung A3.1).

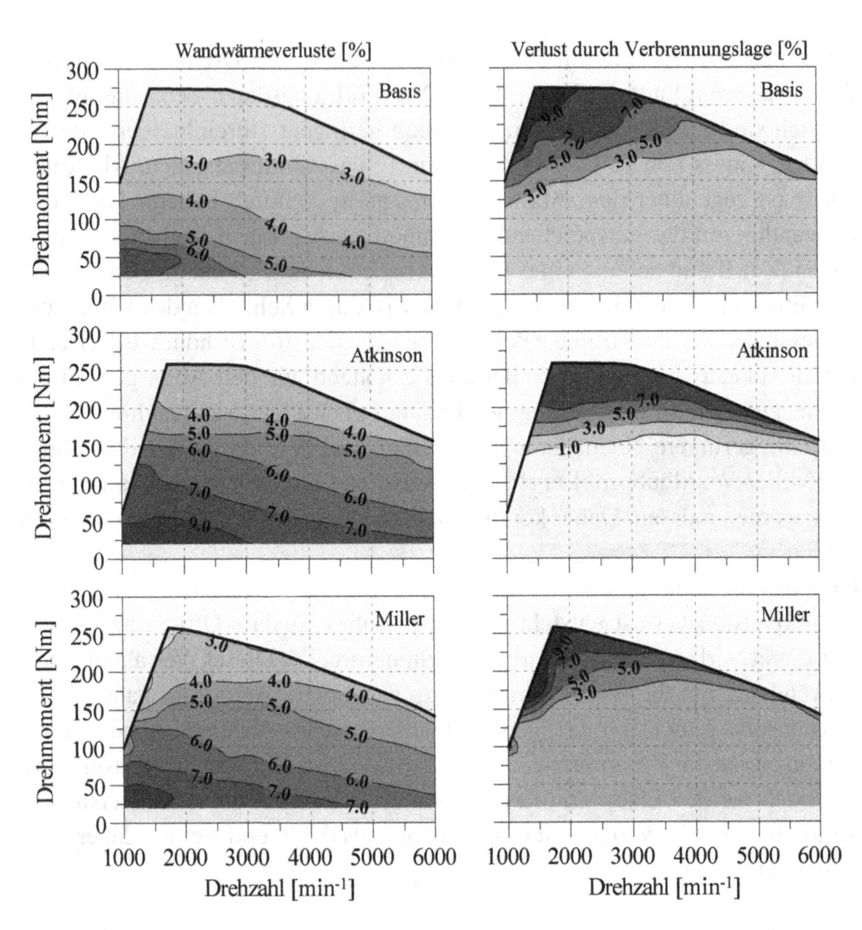

Abbildung 6.22: Verlustkennfelder von Wandwärme und Verbrennungslage

In Abbildung 6.23 werden die Differenzen der Wandwärmeverluste gegenüber dem Basismotor aufgezeigt. Während die Wandwärmeverluste bei dem Miller-Konzept um 1 bis 2 % erhöht sind, betragen die Differenzen des Atkinson-Konzepts bis zu 3 %. Um zu erklären, warum bei dem Atkinson-Konzept die höchsten Wandwärmeverluste auftreten, werden die wärmeübergangsrelevanten Größen während des Hochdruckteils in Abbildung 6.24 aufgezeigt. Darin wird das Atkinson- gegenüber dem Miller-Konzept in einem Betriebspunkt verglichen, in dem der Unterschied besonders groß ist.

Bei dem Atkinson-Konzept ist aufgrund der Kinematik der Zylinderdruck während der Kompressions- und Expansionsphase höher als bei dem Miller-Konzept. Das hat wiederum einen erhöhten Wärmeübergangskoeffizienten α_w zur Folge. Im Bereich des OT ist die Höhe der Zylinderdrücke sehr ähnlich, daher dominiert in diesem Bereich der Einfluss der wärmeübergangsrelevanten Geschwindigkeit. Diese ist im OT-Bereich bei dem Miller-Konzept höher, entsprechend resultiert ein größeres Maximum des Wärmeübergangskoeffizienten.

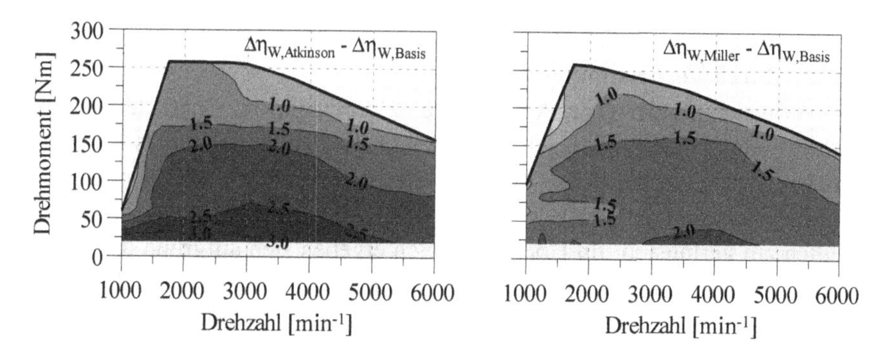

Abbildung 6.23: Differenzkennfelder der Wandwärmeverluste

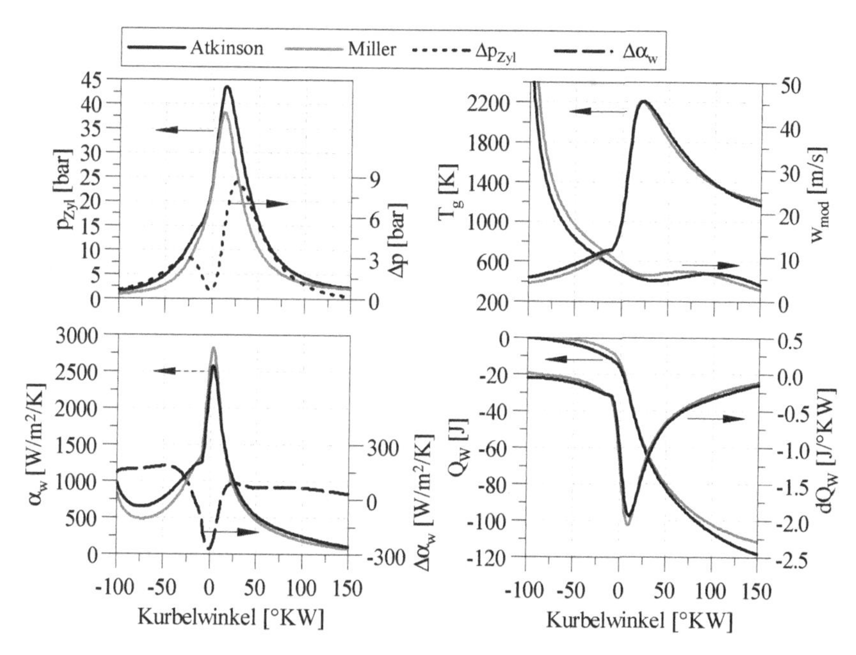

Abbildung 6.24: Vergleich der Wandwärmeverluste von Atkinson- und Basismotor, $n = 2500\ \text{min}^{-1}$, $M_{d,e} = 60$ Nm, H50 = 8 °KW

In der Expansionsphase liegen bei dem Atkinson-Konzept höhere Zylinderdrücke und -temperaturen und ab etwa 100 °KW auch eine höhere charakteristische Geschwindigkeit w_{mod} an. Der Wärmeübergangskoeffizient α_w nimmt daher, ausgenommen im OT-Bereich, höhere Werte an als bei dem Miller-Konzept. Zudem ist die Gastemperatur höher, sodass insgesamt ein erhöhter Wandwärmeverlust Q_W entsteht.

Verlust durch Verbrennungslage:
Die Verlustkennfelder (vgl. Abbildung 6.22) spiegeln die Charakteristik der Verbrennungsschwerpunktlagen wider. Diese wurden mit Hilfe des Klopfmodells eingestellt. In den Niedrig- und Mittellastbereichen wurde der Verbrennungsschwerpunkt auf 8 °KW n. OT geregelt. Der Verlust ist in diesem Bereich folglich am geringsten. Im Hochlastbereich ergeben sich aufgrund der zunehmenden Klopfneigung entsprechend spätere Schwerpunktlagen. In selbem Maße steigen die Verluste durch Verbrennungslage in diesen Klopfbereichen an. Je später der Verbrennungsschwerpunkt, desto größer der Verlust.

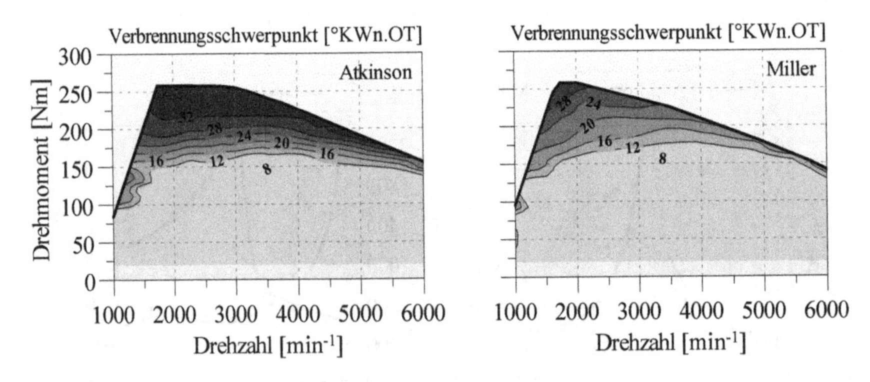

Abbildung 6.25: Verbrennungsschwerpunktlagen der Konzepte Atkinson und Miller

Die eingestellten Schwerpunktlagen der Konzepte Atkinson und Miller sind in Abbildung 6.25 gegenübergestellt. Bei dem Atkinson-Konzept wurden deutlich spätere Schwerpunktlagen eingeregelt, da das Klopfmodell empfindlich auf den höheren Zylinderdruck reagiert. Der höhere Zylinderdruck ist wiederum auf die Atkinson-Kinematik und den charakteristischen Volumenverlauf im OT-Bereich zurückzuführen. Es konnte bisher nicht nachgewiesen werden, ob bei einem Atkinson-Konzept die Klopfneigung aufgrund höherer Zylinderdrücke tatsächlich so stark ansteigt, wie prognostiziert wurde. Falls dem nicht so wäre, könnten für das Atkinson-Konzept bei hohen Lasten frühere Schwerpunktlagen angewendet werden, um den Verbrauch im Volllastbereich zu verbessern.

Bei der Gegenüberstellung der Verlustanalysen fallen allerdings geringere Verbrennungslagenverluste des Atkinson-Motors auf. Nun darf keinesfalls assoziiert werden, dass dieses Konzept eine geringere Klopfneigung hat, denn dem ist nicht so. Der Sachverhalt lässt sich anschaulich am Beispiel des unteren und mittleren Lastbereichs erklären. Dort ergibt sich ein um ca. 2 % geringerer Verlust als bei den anderen Konzepten, obwohl die Schwerpunktlagen identisch sind. Das bedeutet, im bereits adiabaten Prozess ergibt sich durch die Verschiebung der Schwerpunktlage in den OT eine geringere Wirkungsgraddifferenz. Da in dieser Verlustteilung die kalorischen Eigenschaften des Arbeitsgases, welche vor allem temperaturabhängig sind, mit berücksichtigt werden, hemmen diese den Wirkungsgradvorteil einer idealen Verbrennungslage. Der Vorteil geht z. T. durch die bei höheren Temperaturen ungünstigen kalorischen Eigenschaften verloren. Es kann gefolgert werden, dass der Einfluss der Verbrennungslage auf den Wirkungsgrad bei Atkinson-Motoren etwas geringer ist als bei konventionellen Motoren.

Verlust durch Verbrennungsdauer:
Der Verlust, der sich aufgrund der realen Brenndauer ergibt, ist bei den untersuchten Motoren betragsmäßig klein. Das Miller-Konzept verzeichnet geringfügig höhere Verluste, vor allem im niedrigen Lastbereich. Als Ursache ist der für das Miller-Verfahren typisch deutlich kleinere Einlassventilhub zu nennen. Damit wird die Ausbildung der Tumbleströmung während des Ladungswechsels eingeschränkt, womit entsprechend weniger Turbulenz produziert wird. Das Atkinson-Konzept weist aufgrund des kurzen Ansaughubes ein geringes Hub-/Bohrungsverhältnis während des Ansaugens und Verdichtens auf. Demzufolge sinkt ebenfalls die Turbulenzproduktion durch Tumble. Zur Veranschaulichung sind die Verläufe der turbulenten kinetischen Energie der drei Motoren in Abbildung 6.27 gegenübergestellt.

Obwohl die Verluste durch Verbrennungsdauer klein sind, darf der Verbrennungsdauer im Umkehrschluss kein geringerer Stellenwert zugeteilt werden. Eine langsame Verbrennung wirkt sich negativ auf die Klopfeigenschaften aus, da sich dadurch mehr Zeit für die Radikalbildung im Endgasbereich ergibt. Im Realprozess wird also durch eine schnellere Verbrennung nach [32, 111] die

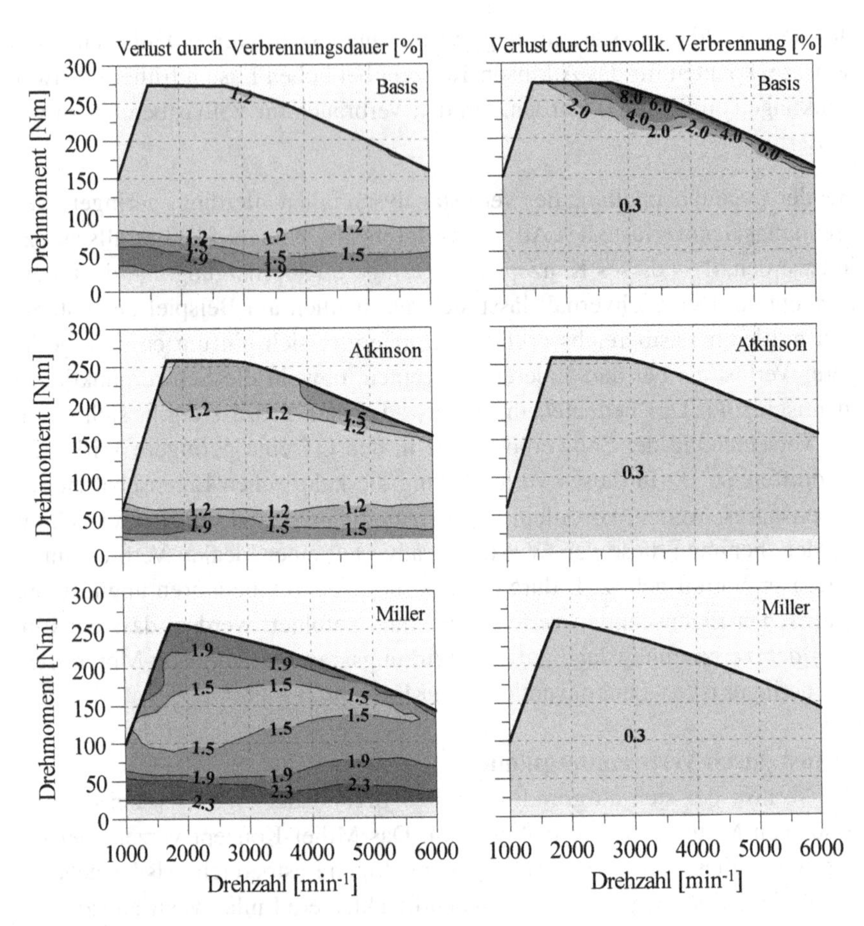

Abbildung 6.26: Verlustkennfelder von Verbrennungsdauer und unvollkommener Verbrennung

Klopfneigung reduziert. Infolgedessen kann durch eine zügigere Verbrennung in klopfbegrenzten Bereichen entweder eine Drehmomenterhöhung oder eine Verbrauchssenkung durch frühere Schwerpunktlagen erreicht werden.

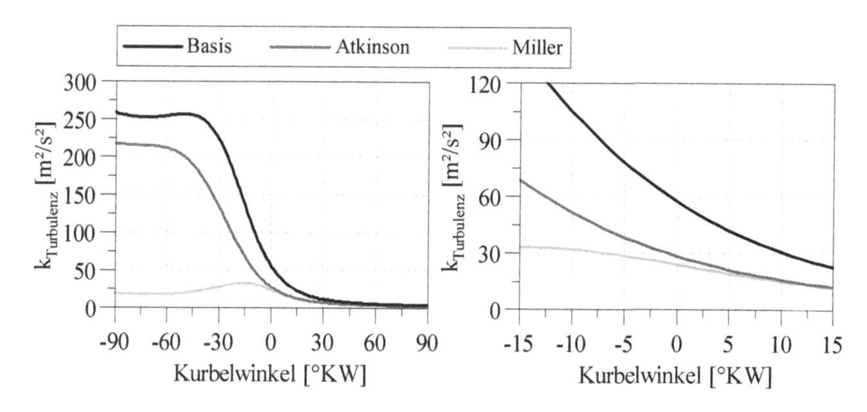

Abbildung 6.27: TKE-Verläufe bei $n = 2500\ \text{min}^{-1}$, $M_{d,e} = 100$ Nm

Verlust durch unvollkommene Verbrennung:
Dieser Verlust beinhaltet sowohl den Verlust durch einen nichtidealen Umsetzungswirkungsgrad als auch den Verlust durch Anfettung. Bei dem Basismotor ist im Volllastbereich eine Anfettung notwendig, damit die Abgastemperatur die Grenze von 950 °C nicht überschreitet. Das minimale Luftverhältnis beträgt $\lambda = 0.83$, im Nennleistungspunkt herrscht $\lambda = 0.88$. Dies ist zum Schutz der Abgasturbine erforderlich. Bei den Konzepten Atkinson und Miller entfällt der Anfettungsbedarf vollständig, da die Zylinderladung aufgrund des hohen Expansionsverhältnisses weiter entspannt wird und dadurch niedrigere Abgastemperaturen auftreten. Somit können die Konzepte Atkinson und Miller im gesamten Kennfeld stöchiometrisch betrieben werden. Der gezeigte Verlust hängt dann nur noch von dem Umsetzungsetzungswirkungsgrad ab.

Der Umsetzungswirkungsgrad wurde in der Simulation konstant mit 98 % vorgegeben, daraus ergibt sich ein Wirkungsgradverlust von 0.3 %. Der Wirkungsgradverlust durch Anfettung bei dem Basismotor hingegen ist erheblich. Aus diesem Grund soll betont werden, dass die verlängerte Expansion unabhängig von der Art der Umsetzung eine wirkungsvolle Maßnahme zur Reduktion der Abgastemperatur und infolgedessen des Anfettungsbedarfs darstellt.

6.5.3 Bewertung des 5-Takt-Konzepts

Das 5-Takt-Konzept weist den höchsten Downsizing-Grad und gleichzeitig das größte Expansionsverhältnis auf. Eine detaillierte Konzeptbewertung erfolgt anhand der in Abbildung 6.28 dargestellten Einzelverluste.

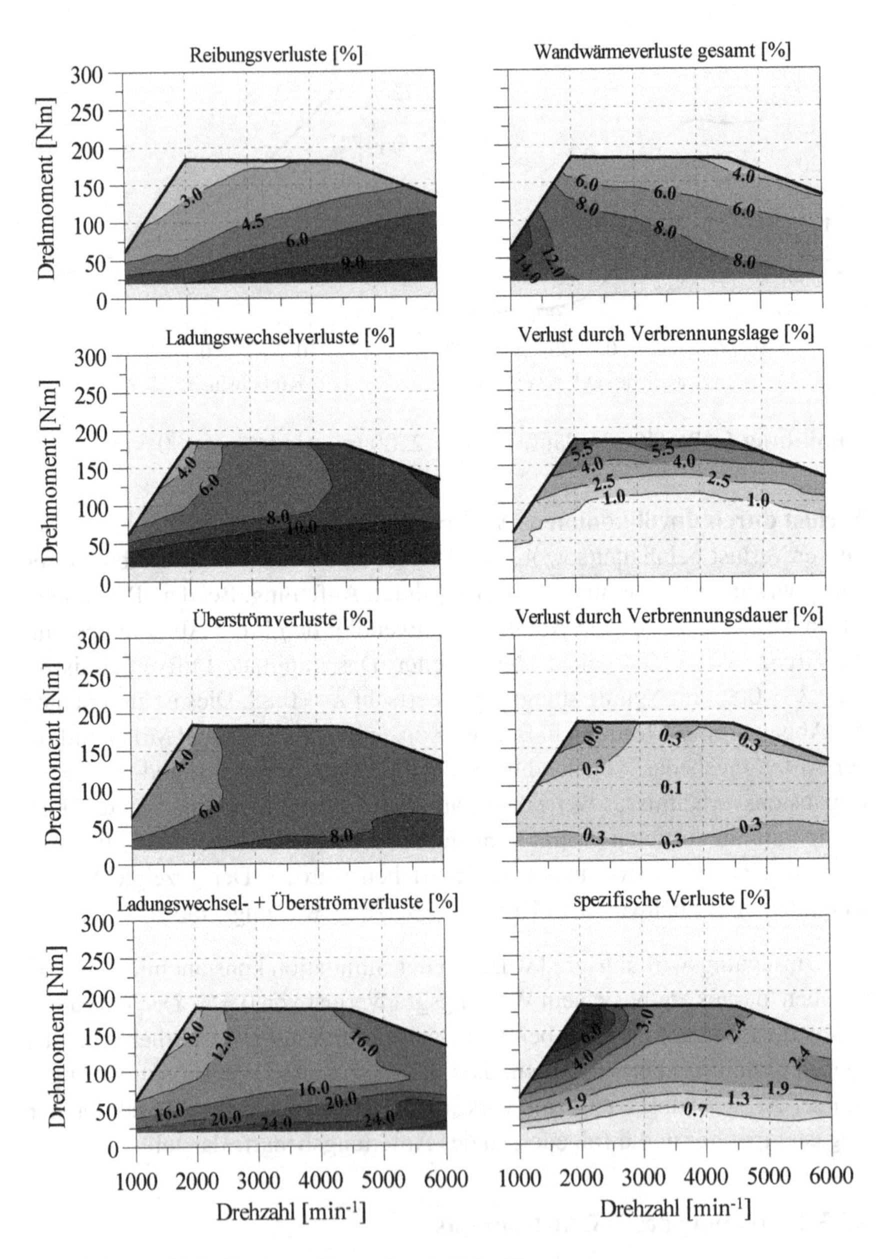

Abbildung 6.28: Verlustteilung des 5-Takt-Konzepts

Verlust durch Reibung:
Bei dem 5-Takt-Konzept verändert sich die Reibung aufgrund der Substitution zweier Verbrennungszylinder durch den Expansionszylinder. Die Verluste befinden sich gegenüber den anderen Konzepten auf einem höheren Niveau.

Ladungswechselverluste:
Die Ladungswechselverluste nehmen mit 4 - 10 % sehr hohe Werte an. Die Ladungswechselarbeit setzt sich aus der Ansaug- und Ausschiebearbeit zusammen. Da die Ladung aus dem Expansionszylinder ausgeschoben wird, muss die Ladung über ein gegenüber dem Ansaugen deutlich größeres Volumen ausgeschoben werden. Daher vergrößert sich die Ausschiebearbeit entsprechend.

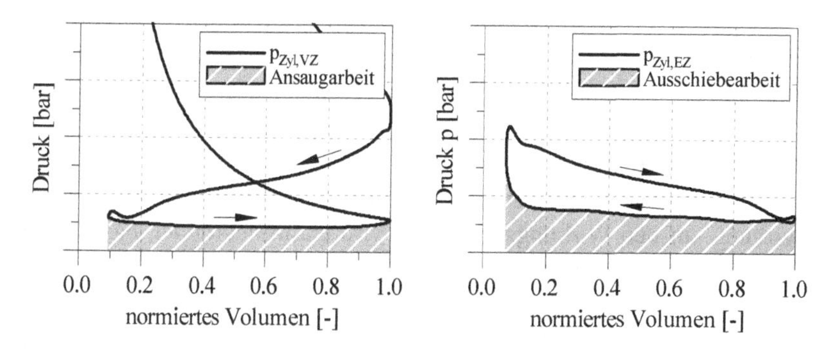

Abbildung 6.29: Bestimmung der LW-Arbeit beim 5-Takt-Konzept

Überströmverluste:
Durch das Überschieben der Ladung in den Expansionszylinder entsteht ein weiterer Verlust. Die Arbeit, die der Verbrennungszylinder zum Aus- bzw. Überschieben aufbringen muss wird als Überströmarbeit bezeichnet. Weil das Überströmen gleichzeitig mit der Nachexpansion stattfindet, wird der Verlust separat aufgeführt. Die Höhe dieser Verluste liegen in der Größenordnung der Ladungswechselverluste und sind ein konzeptbedingter Nachteil.

Wandwärmeverluste:
Die Wandwärmeverluste haben, wie auch bei den anderen Konzepten, einen deutlichen Wirkungsgradnachteil zur Folge. Tendenziell sind die Wandwärmeverluste bei dem 5-Takt-Konzept höher, da durch den Expansionszylinder und die Überströmkanäle die wärmeübertragende Fläche vergrößert wird. Im Überströmkanal selbst findet durch die hohe Strömungsgeschwindigkeit ein hoher Wärmeübergang aufgrund von Konvektion statt. Somit geht ein Teil der für

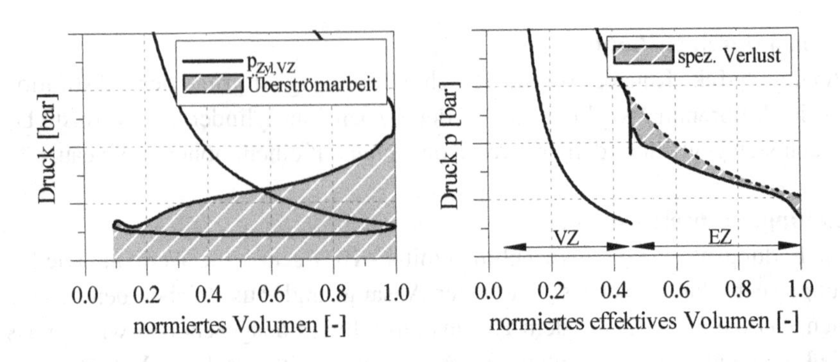

Abbildung 6.30: Bestimmung der Überschiebearbeit beim 5-Takt-Konzept

die Nachexpansion wertvollen thermischen Energie verloren. Das Konzept ist daher mit einer Gegenmaßnahme durch Luftspaltisolation simuliert worden.

Verbrennungsverluste:
Die Verbrennungslage und -dauer hat bei dem 5-Takt-Konzept eine geringere Auswirkung auf den Wirkungsgrad. Das wird damit begründet, dass bedingt durch eine späte Verbrennung einerseits der Wirkungsgrad des Verbrennungszylinders sinkt, andererseits mehr thermische Energie zur Wandlung im Expansionszylinder zur Verfügung steht. Daher wirken sich späte Schwerpunktlagen und reale Brenndauern weniger stark auf den indizierten Wirkungsgrad aus.

spezifische Verluste:
Durch den nicht idealen Überströmvorgang werden verfahrensspezifische Verluste verursacht. Diese sind hier vor allem im Bereich des Drehmomenteckpunktes erhöht. Durch optimierte Steuerzeiten der Überströmventile wird der Expansionsverlust durch das Überströmkanal-Volumen im übrigen Kennfeldbereich verkleinert. Allerdings beinhalten die spezifischen Verluste zusätzlich die Druckverluste, die an den während des Überschiebens durchströmten Ventilen entstehen.

Um den Verlust zu veranschaulichen ist in Abbildung 6.30 rechts der Zylinderdruck über dem normierten effektiven Volumen dargestellt. Der Verlust ist durch die Differenzfläche gegenüber einem idealen Atkinson-Prozess gekennzeichnet. Dieser weist das gleiche Expansionshubvolumen wie das 5-Takt-Konzept auf und wird durch die Extrapolation des Druckes vor Beginn des Überströmvorgangs berechnet.

6.5.4 Vergleich der effektiven Wirkungsgrade

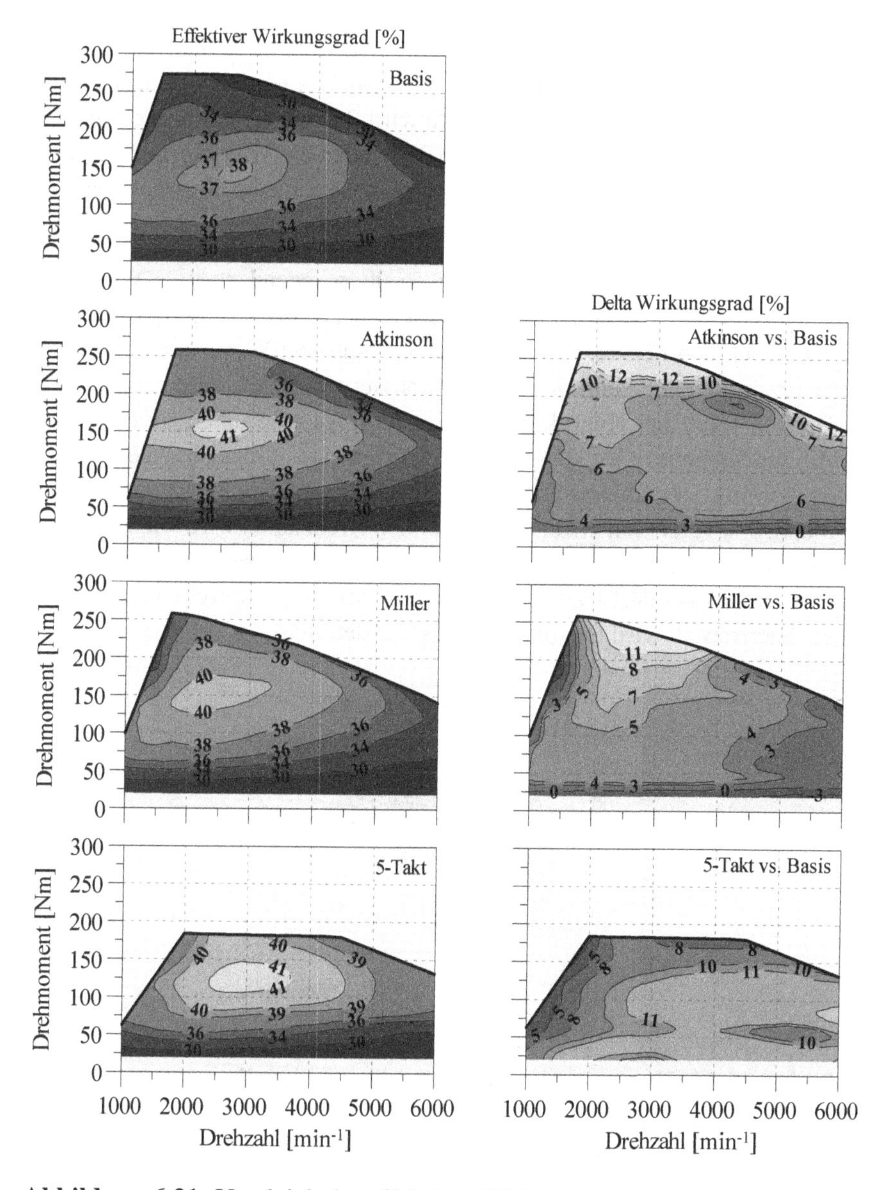

Abbildung 6.31: Vergleich der effektiven Wirkungsgrade

Abschließend werden die Konzepte hinsichtlich des Wirkungsgrades miteinander verglichen. Die Konzepte Atkinson und Miller weisen mit $\varepsilon_E = 14.2$ und das 5-Takt-Konzept mit $\varepsilon_E = 25$ aufgrund der verlängerten Expansion gegenüber Basismotor 1 ein deutlich gesteigertes Expansionsverhältnis auf. Da konzeptionell bedingt bei jedem Konzept bestimmte Verluste ansteigen, wird das theoretische Potenzial gemindert. Deshalb wird für den Vergleich der effektive Wirkungsgrad betrachtet. In Abbildung 6.31 werden die Wirkungsgradkennfelder sowie die relativen Wirkungsgradänderungen eines jeden Konzeptes gegenüber Basismotor 1 aufgezeigt.

Die Konzepte Atkinson und Miller weisen überwiegend positive Wirkungsgradänderungen, d.h. Verbrauchsverbesserungen auf. Bei sehr geringen Lasten herrschen deutlich höhere Verluste durch Reibung und Wandwärme, weshalb im Niedriglastbereich keine wirksame Verbesserung erzielt werden kann. Dieser Bereich spielt bei Hybridfahrzeugen allerdings eine untergeordnete Rolle. Mit zunehmender Last steigt der Effizienzgewinn, sodass bei diesen Konzepten bei mittleren Drehzahlen und Volllast der effektive Wirkungsgrad um mehr als 10 % verbessert wird. Bei sehr hohen Drehzahlen wird wiederum der Nachteil des Miller-Konzepts aufgrund hoher Ladungswechselverluste deutlich. Im Nennleistungsbereich ist daher das Atkinson-Konzept vorteilhafter. Dieser Sachverhalt wird in Abbildung 6.32 verdeutlicht.

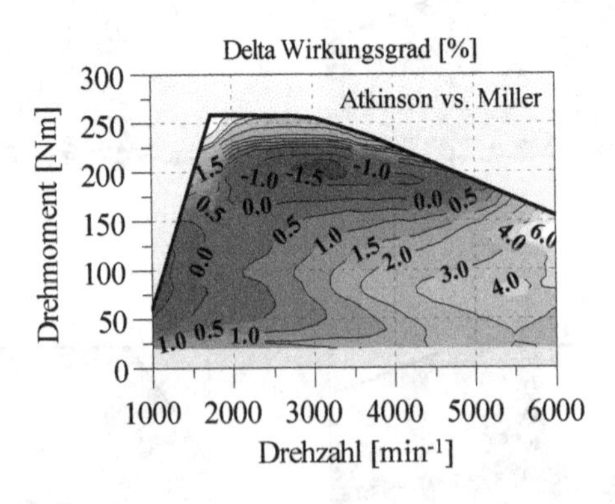

Abbildung 6.32: Vergleich Atkinson- gegenüber Miller-Konzept

Das 5-Takt-Konzept weist neben dem größten Expansionsverhältnis durch die Reduktion auf zwei Verbrennungszylinder den höchsten Downsizing-Grad auf. Es resultiert eine hohe Effizienzsteigerung gegenüber Basismotor 1 im gesamten Kennfeld, allerdings bei einer deutlich reduzierten Nennleistung.

7 Gesamtsystemsimulation

In diesem Kapitel werden die Motorkonzepte bzgl. der Verbrauchspotenziale in Hybridantriebssträngen untersucht. Dafür werden mit Gesamtsystemsimulationen die Fahrzyklen WLTP und MBVT betrachtet. Bei der Auswertung der Ergebnisse ist die Verbrauchseinsparung bezogen auf Basismotor 1 von Interesse. Darüber hinaus werden die Ergebnisse der Verlustteilung dazu verwendet, die motorischen Verluste im Fahrzyklus aus den Ergebnissen der Gesamtsystemsimulation zu ermitteln.

7.1 Beschreibung der untersuchten Antriebsstränge

Es werden zwei verschiedene Hybridantriebsstränge betrachtet, die sich bezüglich der Hybridtopologie unterscheiden.

Tabelle 7.1: Simulation von Hybridantriebssträngen

	ATS 1	ATS 2
Fahrzeugklasse	Kompaktwagen	mittlerer SUV
Hybrid-Architektur	P2	P2/4
Hybridisierungsgrad	Mild-Hybrid	Plug-In-Hybrid
Batteriekapazität	gering	hoch

ATS 1:

Antriebsstrang (ATS) 1 ist ein 48V-Mild-Hybrid, bei dem der Verbrennungsmotor und eine in P2-Anordnung integrierte E-Maschine die Vorderachse antreiben. Der rein elektrische Antrieb ist aufgrund der geringen elektrischen Leistungsfähigkeit, wie sie für einen Mild-Hybrid typisch ist, auf niedrige Beschleunigungen und Geschwindigkeiten limitiert. Der Mild-Hybrid eignet sich aufgrund der geringen Batteriekapazität und der geringen elektrischen Leistung nicht für elektrische Boostvorgänge, die z. B. zum Ausgleich eines schwachen Drehmomenteckpunktes des VM notwendig wären. Daraus ergibt sich als Anforderung an den Verbrennungsmotor ein hohes Drehmoment bei niedrigen Drehzahlen. Für diesen Antriebsstrang eignen sich die Konzepte Atkinson und Miller jeweils mit der Aufladeeinheit ATL 1. Das 5-Takt-Konzept

M. Langwiesner, *Konzepte für bestpunktoptimierte Verbrennungsmotoren innerhalb von Hybridantriebssträngen*, Wissenschaftliche Reihe Fahrzeugtechnik Universität Stuttgart, https://doi.org/10.1007/978-3-658-22893-4_7

ist anforderungsgemäß nicht für diesen Antriebsstrang ausgelegt und bleibt somit innerhalb ATS 1 unberücksichtigt. Im Fahrzyklus erweist sich ATS 1 im Vergleich zu einem Fahrzeug ohne Elektrifizierung als vorteilhaft, da die aus der Rekuperation gewonnene Energie für eine rein elektrische Fahrt eingesetzt werden kann.

ATS 2:
ATS 2 ist ein Plug-In-Hybrid und besitzt eine Topologie mit zwei E-Maschinen. Der VM besitzt einen mechanischen Durchtrieb an der Vorderachse, kombiniert mit einer E-Maschine in P2-Anordnung. Die Hinterachse wird von der zweiten E-Maschine in P4-Anordnung angetrieben. Durch diese kombinierte P2/4-Topologie kann ein Allradantrieb realisiert werden. Ein großer Vorteil dieser Architektur ist, dass die hybride Antriebsart sowohl parallel als auch seriell erfolgen kann. Bei dem seriellen Antrieb kann der Verbrennungsmotor, entkoppelt von dem Getriebe und damit entkoppelt von der Fahrgeschwindigkeit, verbrauchsoptimal betrieben werden. Diese Funktionen werden durch die Betriebsstrategie gesteuert. Das elektrische Boosten ermöglicht es, verbrennungsmotorische Schwächen bei niedrigen Drehzahlen auszugleichen. Somit können für diesem Antriebsstrang alle vorgestellten VM-Konzepte betrachtet werden.

7.1.1 Beschreibung der Betriebsstrategien

Die Betriebsstrategie ist für die Verteilung der verbrennungsmotorischen und elektrischen Leistung im Antriebsstrang verantwortlich. Für beide Antriebsstränge werden in der Simulation regelbasierte Betriebsstrategien verwendet, die auf einen bestmöglichen Verbrauch abgestimmt sind. In beiden Antriebssträngen kann rein elektrisch gefahren werden, allerdings ist die maximale Leistungsanforderung für die E-Fahrt systemabhängig. Zur Abdeckung höherer Leistungsanforderungen muss der VM zugeschaltet werden. Die im Fahrzyklus zur Verfügung stehende elektrische Energie hängt im Wesentlichen von der Bremsenergie-Rekuperation ab. Am Ende des Fahrzyklus muss ein ausgeglichener State of Charge (SOC) der Traktionsbatterie erreicht sein.

Betriebsstrategie von ATS 1:
Die rekuperierte Energie wird bei geringen Leistungsanforderungen für die elektrische Fahrt bei geringen Geschwindigkeiten eingesetzt. Infolge der geringen elektrischen Leistungsfähigkeit kann die Hybridfunktion E-Boost nicht eingesetzt werden. Die Verteilung der verbrennungsmotorischen Betriebspunk-

te im Fahrzyklus ist bei diesem Mild-Hybriden einem konventionellen ATS sehr ähnlich (vgl. Abbildung 7.2).

Betriebsstrategie von ATS 2:
ATS 2 besitzt im Gegensatz zu ATS 1 eine Hochvoltbatterie mit größerer Kapazität und eine sehr leistungsfähige E-Maschine an der Hinterachse. Somit können deutlich höhere Fahrleistungen rein elektrisch abgedeckt werden. Die Rekuperation wird über die hintere E-Maschine realisiert, da das Rekuperationspotenzial aufgrund des fehlenden Getriebes dort am höchsten ist.

Im Unterschied zu ATS 1 wird neben dem rein elektrischen und parallelen Antrieb bei ATS 2 zusätzlich eine serielle Antriebsart sowie die Hybridfunktion E-Boost genutzt. Im seriellen Betrieb treibt der Verbrennungsmotor die vordere EM als Generator an, während die hintere E-Maschine die Leistung für den Vortrieb des Fahrzeuges bereitstellt. Der Gesamtsystemwirkungsgrad wird bis hin zu einer bestimmten Leistungsschwelle gesteigert, da der Verbrennungsmotor auf der wirkungsgradoptimalen Linie betrieben wird. Oberhalb dieser zweiten Schwelle ist der serielle Antrieb aufgrund von Verlusten durch die längere Wirkungsgradkette gegenüber dem parallelen Antrieb benachteiligt. Die zweite Schwelle definiert daher den Übergang zwischen seriellem und parallelem Antrieb. Während des parallelen Antriebes wird eine Lastpunktverschiebung eingesetzt, um die Betriebspunkte des Verbrennungsmotors möglichst nahe an die wirkungsgradoptimale Linie zu verschieben. Zusammenfassend wird die Betriebsstrategie des P2/4-Hybriden in Abbildung 7.1 veranschaulicht.

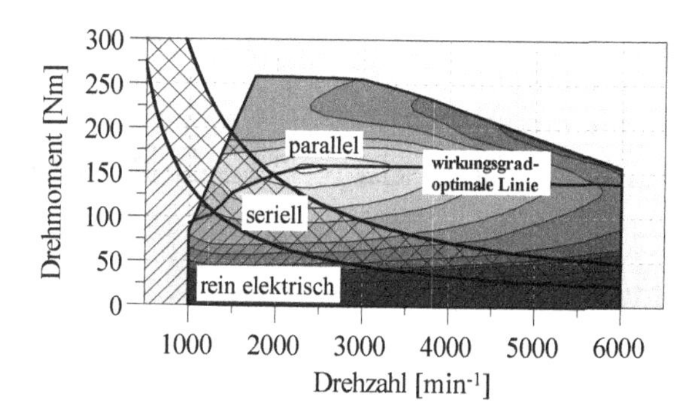

Abbildung 7.1: Betriebsstrategie des P2/4-Hybriden [81]

7.1.2 Einfluss der Hybridtopologie auf die Ausnutzung des Bestpunktes

In Abbildung 7.2 sind die Betriebspunkte des Verbrennungsmotors im WLTP, jeweils für einen ATS ohne Elektrifizierung und beide hybridisierte Antriebsstränge dargestellt. Als VM ist exemplarisch das Atkinson-Konzept ausgewählt. Aufgrund der unterschiedlichen Topologien und Betriebsstrategien wird der VM abhängig des Antriebsstranges unterschiedlich belastet. In ATS 2 kann der verbrauchsoptimale Bereich am besten ausgenutzt werden.

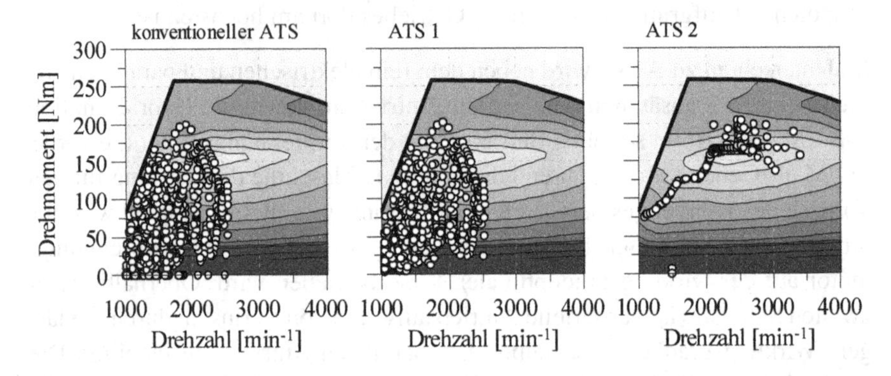

Abbildung 7.2: Einfluss der Hybridarchitektur auf den VM im WLTP-Zyklus

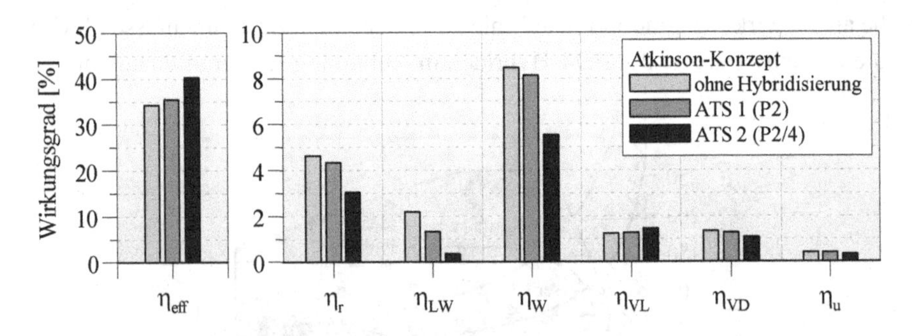

Abbildung 7.3: Verlustanalyse im WLTP-Zyklus

Eine Verlustanalyse gibt einen Aufschluss über die motorischen Verluste im Fahrzyklus. In Abbildung 7.3 sind die energetisch gewichteten Mittelwerte des effektiven Motorwirkungsgrades und der Einzelverlustanteile aus dem WLTP-Zyklus aufgetragen. Dabei kann eine Abhängigkeit des Hybridisierungsgrades erkannt werden.

Bei sehr niedriger Motorlast sind die verbrennungsmotorischen Verluste am höchsten. Durch die Hybridisierung können Betriebspunkte dieses Bereichs z. T. durch die elektrische Fahrt ersetzt werden. Auf diese Weise wird bereits bei ATS 1 der mittlere Motorwirkungsgrad um relative 4 % gesteigert. Die Verluste durch Reibung, Ladungswechsel und Wandwärme nehmen ab.

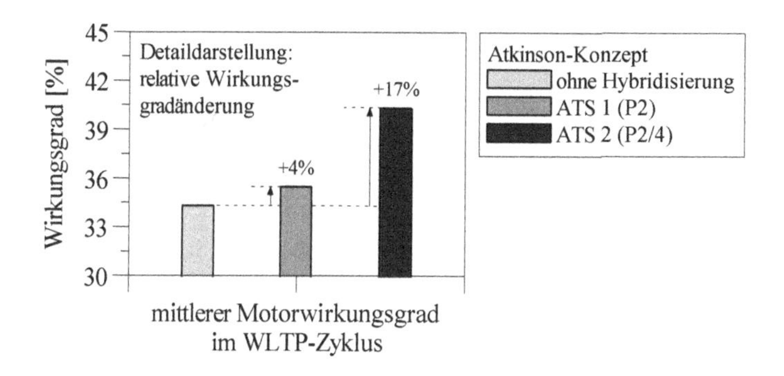

Abbildung 7.4: Detaildarstellung der relativen Änderung des mittleren Motorwirkungsgrades im WLTP-Zyklus

Die konzeptionelle Auslegung von ATS 2 ermöglicht es, einen größeren Bereich durch die E-Fahrt abzudecken. Aus diesem Grund werden die Verluste durch Ladungswechsel, Reibung und Wandwärme, welche vor allem im Niedriglastbereich dominant sind, deutlich gesenkt. Der mittlere Wirkungsgrad im Fahrzyklus steigt um 6 %, was einer relativen Steigerung von 17 % entspricht. Da der Verbrennungsmotor im Mittel bei deutlich höheren Lasten betrieben wird, steigen die Verluste durch Verbrennungslage an. Es wird deutlich, dass der Bereich des Bestpunktes mit der P2/4-Topologie am besten ausgenutzt werden kann, da durch die Betriebsstrategie der VM möglichst nah am Effizienzoptimum betrieben wird.

Im Folgenden ist die Gegenüberstellung des Kraftstoffverbrauchs der einzelnen Motorkonzepte gegenüber dem Basismotor in Fahrzyklen von Interesse.

7.2 Verbrauchspotenziale der Motorkonzepte in Fahrzyklen

In der Simulation von ATS 1 wird der Fahrzyklus WLTP, in der Simulation von ATS 2 werden die Fahrzyklen WLTP und MBVT vorgegeben. Die Geschwindigkeitsprofile der Fahrzyklen werden in Abbildung 7.5 veranschaulicht.

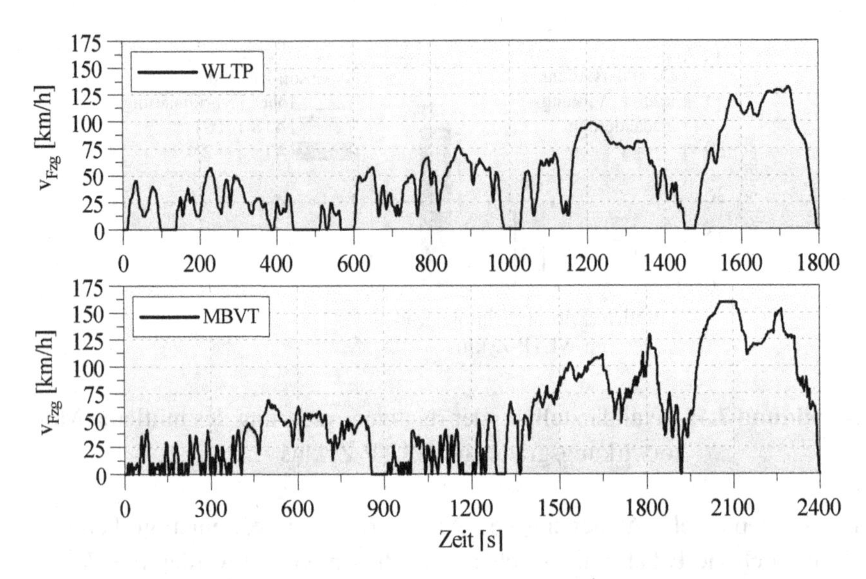

Abbildung 7.5: Geschwindigkeitsprofile der verschiedenen Fahrzyklen

Der Zyklus WLTP ist der für die Zertifizierung relevante Fahrzyklus. Der Mercedes-Benz Verbrauchstest (MBVT) hingegen ist ein aus Feldversuchen abgeleitetes synthetisches Fahrprofil [100], das bei der Daimler AG dazu entwickelt wurde, die Wirksamkeit von eingesetzten Technologien unter Realbedingungen bei den Kunden sicherzustellen zu können [91]. Dieser Zyklus verzeichnet das höchste Transientverhalten und die höchste Durchschnittsgeschwindigkeit.

7.2.1 Verbrauchspotenzial innerhalb von ATS 1

Zunächst wird das Verbrauchspotenzial der Motorkonzepte Atkinson und Miller innerhalb von ATS 1 im WLTP-Zyklus betrachtet. In der Gesamtsystemsimulation des Mild-Hybrids wurden gemäß der bereits beschriebenen Anforderung die Konzepte mit ATL 1 verwendet. Die Verbrauchspotenziale von den Konzepten gegenüber Basismotor 1 werden in Abbildung 7.5 aufgezeigt.

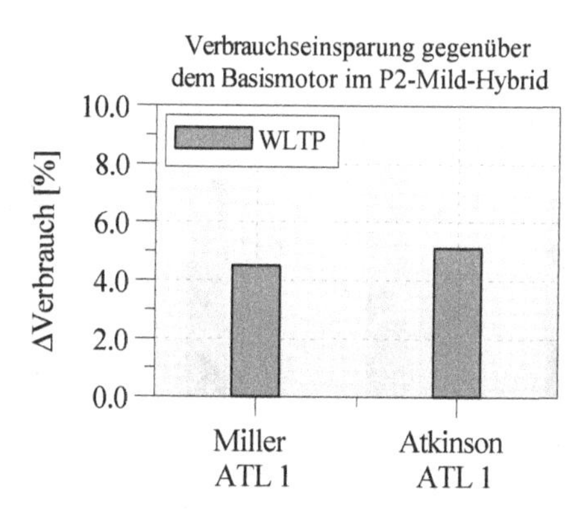

Abbildung 7.6: Ergebnisse der Gesamtsystemsimulationen des P2-Mild-Hybriden, Gegenüberstellung der Konzepte im WLTP

Mit dem Atkinson-Konzept wird gegenüber dem Basismotor eine relative Verbrauchssenkung um 5 % erreicht. Das Potenzial des Miller-Konzepts ist mit 4.6 % etwas geringer. Anhand der Delta-Kennfelder (siehe Abbildung 6.31) ist ersichtlich, dass gerade im WLTP-relevanten Bereich das Miller-Konzept weniger effizient ist als das Atkinson-Konzept.

7.2.2 Verbrauchspotenzial innerhalb von ATS 2

Zur Berechnung der Verbrauchspotenziale innerhalb von ATS 2 wurden die Verbrauchskennfelder aller Motorkonzepte innerhalb des P2/4-Antriebsstrangmodells verwendet.

In Abbildung 7.7 werden die Verbrauchspotenziale der einzelnen Motorkonzepte gegenüber Basismotor 1 aufgezeigt. Als Bewertungsgröße wird der Verbrauchsvorteil der Konzepte gegenüber dem Basismotor betrachtet. Die dargestellten Werte sind daher Relativwerte, bezogen auf den Verbrauch, der im gleichen Antriebsstrang mit Basismotor 1 erreicht wird. Somit können die Potenziale der Konzepte einheitlich gegenübergestellt werden.

Die Konzepte weisen Verbrauchspotenziale in einer Spanne von 5.5 - 8.1 % auf. Konzeptübergreifend ist das Potenzial im MBVT-Zyklus größer als im WLTP-Zyklus, da der Basismotor im MBVT-Zyklus aufgrund der höheren mittleren Last einen geringeren mittleren Wirkungsgrad aufweist. Bei den Konzepten Atkinson und Miller ist das Potenzial bei den Varianten mit großer ATL-Di-

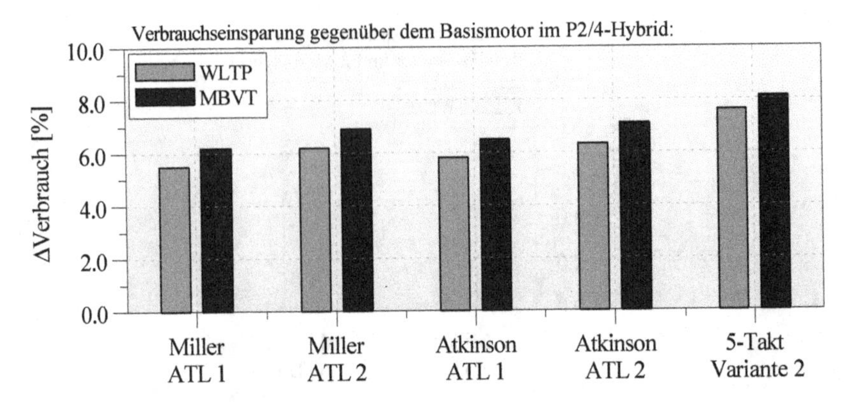

Abbildung 7.7: Vergleich der Motorkonzepte in WLTP und MBVT innerhalb des P2/4-Hybriden

mensionierung (ATL 2) um 0.5 - 0.8 % größer. Im Falle einer leeren Batterie wären diese Varianten aufgrund der niedrigeren Anfahrperformance jedoch deutlich benachteiligt. Untereinander unterscheiden sich die Konzepte Atkinson und Miller nur geringfügig. Am größten ist das Verbrauchspotenzial bei dem 5-Takt-Konzept, da es im zyklusrelevanten Kennfeldbereich die höchste Verbesserung gegenüber Basismotor 1 aufweist (vgl. Abbildung 6.31). Allerdings ist bei niedrigem SOC und maximaler Leistungsanforderung (z. B. bei einem Kick-Down) die geringe Leistung des 5-Takt-Konzepts ein erheblicher Nachteil gegenüber den Konzepten Atkinson und Miller.

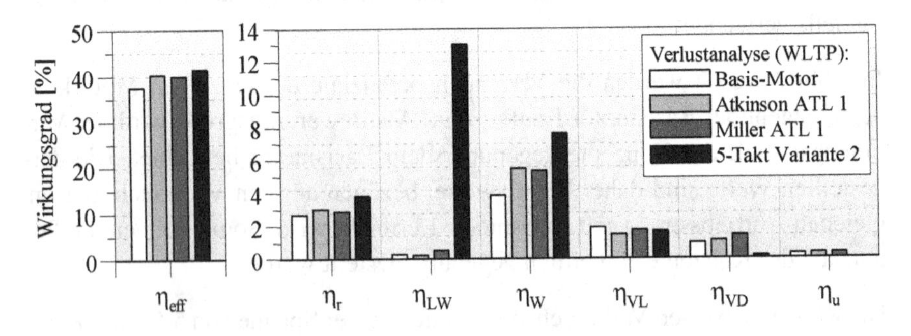

Abbildung 7.8: Gegenüberstellung der Motorkonzepte durch eine Verlustanalyse im WLTP-Zyklus

In Abbildung 7.8 werden die mittleren Einzelverlustanteile der Konzepte im WLTP-Zyklus betrachtet. Besonders auffällig sind die sehr hohen Ladungswechselverluste des 5-Takt-Konzepts, da in dem Balken der Verlust durch das Überschieben bereits enthalten ist. Das Potenzial des 5-Takt-Konzepts, das aufgrund des großen Expansionsverhältnisses theoretisch am größten wäre, wird also durch die sehr großen Ladungswechsel- und Überströmverluste effektiv in etwa auf das Niveau der anderen Konzepte reduziert.

7.3 Abschließende Bewertung der Motorkonzepte

Im vorherigen Abschnitt wurden die Verbrauchspotenziale der Motorkonzepte innerhalb von zwei verschiedenen Hybridantriebssträngen aufgezeigt. Innerhalb von ATS 1 wurden das Atkinson- und Miller-Konzept, deren Aufladestrategien jeweils auf einen früh liegenden Drehmomenteckpunkt ausgelegt sind, gegenüber Basismotor 1 verglichen. Im WLTP-Zyklus weist das Atkinson-Konzept hier ein geringfügig höheres Verbrauchspotenzial auf.

Innerhalb von ATS 2 wurden alle Motorkonzepte gegenüber Basismotor 1 in den Zyklen WLTP und MBVT verglichen. Zwischen den Konzepten Atkinson und Miller gibt es innerhalb des P2/4-Hybriden im Fahrzyklus keinen nennenswerten Unterschied bezüglich des Verbrauchspotenzials. Allerdings nimmt jeweils mit der Aufladeeinheit ATL 2 das Verbrauchspotenzial gemittelt um ca. 0.6 % zu. Das 5-Takt-Konzept wurde ideal für den Betrieb im Fahrzyklus ausgelegt und ist auch im Hinblick auf das Package interessant. Obwohl keine Anforderungen an ATS 2 bzgl. bestimmter Fahrleistungen gestellt wurden, muss in Frage gestellt werden, ob 80 kW ausreichend wären.

Aus Kapitel 6.5.2 wurden die Nachteile des Miller-Konzepts bei hohen Drehzahlen deutlich. Durch die Betrachtung anhand der Fahrzyklen erscheinen die Konzepte Atkinson und Miller hinsichtlich des Verbrauchspotenzials jedoch sehr ähnlich, da sich das Drehzahlband in den Fahrzyklen nur bis hin zu mittleren Drehzahlen, im WLTP bis 3000 min^{-1} und im MBVT bis 3500 min^{-1}, erstreckt. Bei einer Betrachtung der maximalen Fahrgeschwindigkeit wäre das Atkinson-Konzept klar im Vorteil. Einerseits, da es über die höchste Nennleistung verfügt und somit die höchste Fahrgeschwindigkeit erlaubt und andererseits, da es bei hohen Drehzahlen gegenüber dem Miller-Konzept einen Verbrauchsvorteil (vgl. Abbildung 6.32) aufweist.

8 Zusammenfassung und Ausblick

Gegenstand dieser Arbeit ist die Simulation und Bewertung von verbrennungsmotorischen Konzepten für hybridisierte Antriebsstränge. Im Gegensatz zu konventionellen Antriebssträngen rückt bei Hybridantriebssträngen die Relevanz des Bestpunktbereichs des Verbrennungsmotors in den Fokus. Der untere Teillast- und Drehmomenteckpunktbereich ist von geringerer Bedeutung als bisher üblich. Daraus ergibt sich der Bedarf, Konzepte für bestpunktoptimierte Verbrennungsmotoren zu entwickeln. Als Maßnahme zur Optimierung des Bestpunktbereichs wird das Prinzip der verlängerten Expansion untersucht.

Es wurden drei Konzepte ausgelegt, die auf unterschiedliche Weise eine Prozessführung mit verlängerter Expansion umsetzen. Das Atkinson-Konzept verfügt über eine Kurbeltriebskinematik, die einerseits die Hübe *Ansaugen* und *Komprimieren* verkürzt und die Hübe *Expansion* und *Ausschieben* verlängert. Das Miller-Konzept mit deutlich vergrößertem Hub-/Bohrungsverhältnis führt durch einen extrem frühen Einlassschluss die gleichen Hubverhältnisse herbei, wie das Atkinson-Konzept. Beide Konzepte weisen die gleichen Verdichtungs- und Expansionsverhältnisse auf. Bei dem 5-Takt-Konzept werden zwei von vier Zylindern durch einen gemeinsamen Expansionszylinder ersetzt. Dadurch wird ebenfalls eine verlängerte Expansion erreicht. Mit diesem Konzept kann im verfügbaren Bauraum das größte Expansionsverhältnis erzielt werden, allerdings muss die Strömungsführung geändert werden.

Eine grundlegende Herausforderung bei der Simulation dieser Motorkonzepte mittels 0D-/1D-Simulation ist die Berücksichtigung der Phänomene, die den effektiven Wirkungsgrad und somit den Kraftstoffverbrauch bestimmen. Daher wurden bei der Simulation Submodelle für Wandwärme, Verbrennung und Klopfen verwendet und zudem jeweils die konzeptspezifische Motorreibung berücksichtigt. Damit konnten Verbrauchskennfelder berechnet werden, die im Rahmen einer Gesamtsystemsimulation zur Bewertung des Verbrauchspotenzials in Hybridantriebssträngen dienen.

Zur Berechnung der Wandwärmeverluste wird das Modell nach Bargende verwendet, weil damit der Einfluss unterschiedlicher Kolbengeschwindigkeiten durch eine Atkinson-Kinematik erfasst werden kann. Das Modell wurde im Rahmen dieser Arbeit anhand experimenteller Ergebnisse eines Einzylinder-

M. Langwiesner, *Konzepte für bestpunktoptimierte Verbrennungsmotoren innerhalb von Hybridantriebssträngen*, Wissenschaftliche Reihe Fahrzeugtechnik Universität Stuttgart, https://doi.org/10.1007/978-3-658-22893-4_8

Atkinson-Motors erfolgreich validiert. Als Brennverlaufsmodell wird ein quasidimensionales Verbrennungsmodell in Kombination mit einem quasidimensionalen Ladungsbewegungs- und Turbulenzmodell verwendet. Zum Zwecke der Validierung erfolgt eine Abstimmung auf einen Einzylinder-Forschungsmotor. Die Reaktion der Verbrennung auf Inertgas sowie auf ein verändertes Turbulenzniveau wird sehr gut wiedergegeben. Die Validierung für den Motorbetrieb mit FES-Ventilhubprofilen gelingt nach einer Anpassung der vorgegebenen Tippelmann-Zahlen. Die gewonnenen Erkenntnisse sind bei der Abstimmung des Verbrennungsmodells auf den Basismotor eingeflossen. Um die konzeptspezifische Motorreibung zu berücksichtigen, wurden für die Konzepte Atkinson und Miller Reibkorrekturfaktoren verwendet. Die Faktoren wurden durch die Ergebnisauswertung von Tribologiesimulationen bestimmt und sind nur für die untersuchten Kurbeltriebe gültig. Das Atkinson-Konzept weist durch den mehrgliedrigen Kurbeltrieb eine höhere Reibung auf. Das Miller-Konzept benötigt aufgrund des großen Hub-/Bohrungsverhältnisses einen Lanchester-Ausgleich, wodurch die Motorreibung auf einem ähnlichen Niveau liegt, wie bei dem Atkinson-Konzept. Für das 5-Takt-Konzept wurde auf einen vereinfachten Berechnungsansatz zurückgegriffen.

Die Atkinson-Kinematik führt zu einer langsamen Kolbenbewegung im Bereich des ZOT, sodass die Verbrennung in einem Bereich kleinerer Zylindervolumina als mit einer konventionellen Kinematik stattfindet. In der Konsequenz nimmt vor allem der Zylinderdruck höhere Werte an. Das verwendete Klopfmodell reagiert empfindlich auf den Zylinderdruck und prognostiziert eine hohe Klopfneigung. Es resultieren späte Verbrennungsschwerpunktlagen im Volllastbereich. Das Miller-Konzept ist gegenüber dem Atkinson-Konzept bei Drehzahlen ab 4000 min^{-1} aufgrund höherer Ladungswechselverluste benachteiligt. Der Grund liegt in den Strömungsbeiwerten, die aufgrund des kleineren Ventilhubes im Mittel geringere Werte annehmen. Aufgrund des niedrigeren Turbulenzniveaus resultieren längere Brenndauern, die das Potenzial des Miller-Konzepts leicht senken. Das 5-Takt-Konzept weist konzeptbedingt sehr hohe Ladungswechsel- und die verfahrensspezifischen Überströmverluste auf. Somit wird der Wirkungsgrad im Bestpunkt, der theoretisch aufgrund des hohen Expansionsverhältnisses deutlich höher sein müsste, auf etwa das gleiche Niveau abgesenkt wie bei den anderen Konzepten. Mit Hilfe einer Luftspaltisolation wird mit dem 5-Takt-Konzept der höchste Wirkungsgrad im Bestpunkt erreicht. Allerdings ist die Nennleistung mit ca. 80 kW mehr als 15 kW niedriger als bei den Konzepten Atkinson und Miller. Alle drei Konzepte weisen im Bestpunkt hohe effektive Wirkungsgrade von über 40 % auf.

Zu den größten Unsicherheiten in der verwendeten Prozesskette zählt das verwendete Klopfmodell. Für die Simulation wurde eine direkte Übertragbarkeit auf das Atkinson-Konzept angenommen. Es konnte bisher nicht nachgewiesen werden, ob bei einem Atkinson-Konzept die Klopfneigung aufgrund höherer Zylinderdrücke tatsächlich so stark ansteigt, wie prognostiziert wurde. Falls dem nicht so wäre, könnten bei Nennleistung frühere Schwerpunktlagen angenommen werden.

Durch die Gesamtsystemsimulation konnte gezeigt werden, dass die Wahl der Hybridtopologie einen maßgeblichen Einfluss auf die Ausnutzung des Bestpunktbereichs hat. Mit einem P2-/4-Hybrid kann der Verbrennungsmotor z. T. seriell betrieben werden, sodass alle Betriebspunkte nahe der verbrauchsoptimalen Linie liegen. Wie durch eine Verlustanalyse gezeigt wurde, steigt dadurch der mittlere effektive Motorwirkungsgrad im Fahrzyklus. Die Verluste durch Reibung, Ladungswechsel und Wandwärme sind vor allem im Niedriglastbereich dominant. Diese Verluste werden im Fahrzyklus WLTP gegenüber einem konventionellen Antriebsstrang am meisten gesenkt, da die mittlere Motorlast im Fahrzyklus höher ist. Die Gegenüberstellung der Konzepte in diesem Hybridantriebsstrang zeigt große Verbrauchspotenziale der Konzepte Atkinson und Miller von ca. 6 % und dem 5-Takt-Konzept von bis zu 8 %, jeweils relativ zum konventionellen Basismotor. Obwohl das 5-Takt-Konzept den größten Verbrauchsbenefit aufweist, ist es für den Einsatz in diesem Antriebsstrang aufgrund der niedrigeren Nennleistung nicht am besten geeignet. Die erreichbare Höchstgeschwindigkeit beträgt mit 80 kW in dem P2/4-Hybriden nur ca. 180 km/h. Aus der Sicht, dass möglichst hohe verbrennungsmotorische Leistungen bei hoher Effizienz angestrebt werden, ist das Atkinson-Konzept am besten geeignet.

Eine Schwachstelle in der verwendeten Prozesskette stellt die Berechnung der Motorreibung dar. Wenn ein geeignetes Reibmodell verwendet werden könnte, das automatisch auf Änderungen der Motorgeometrie reagieren würde, könnte ein großer Zuwachs an Flexibilität für weitere Studien gewonnen werden. Eine Unsicherheit in der Simulation ist das verwendete Klopfmodell, da derzeit nicht bekannt ist, ob die Aussage bei einer Atkinson-Kinematik gültig ist. Für weiterführende Untersuchungen sollte das Thema Klopfen bei Atkinson-Kurbeltrieben vertiefter betrachtet werden.

Für die vorgestellten Konzepte ist aus Sicht des Motorprozesses das Grenzpotenzial noch nicht erreicht. Optimierungschancen sind durch eine gezielte Weiterentwicklung und Parameteroptimierungen gegeben. Beispielsweise könnte durch eine Kombination des homogenen Brennverfahrens mit einer Niederdruck-Abgasrückführung das Klopfverhalten bei Volllast positiv beeinflusst werden. Prinzipiell wäre auch die Kombination der verlängerten Expansion mit Mager- oder CAI-Brennverfahren denkbar. Explizit für das Miller-Konzept wäre eine interessante Fragestellung, welches Potenzial sich ohne Vergrößerung des Hub-/Bohrungsverhältnisses ergeben würde. In diesem Fall könnte auf den Lanchester-Ausgleich verzichtet werden. Dieser potenzielle Reibungsvorteil steht allerdings in Konkurrenz zu dem maximal umsetzbaren Expansionsverhältnis. Das 5-Takt-Konzept könnte mit dem Ziel einer höheren Motorleistung durch eine Ladedrucksteigerung weiterentwickelt werden.

Zuletzt könnten gezielte Optimierungen auf bestimmte Hybridantriebsstränge, z. B. auf einen Plug-In-Hybriden mit P2-Topologie, einen Mehrwert in der Entwicklung der nächsten Hybrid-Generationen darstellen. Somit könnte eine Antwort auf die Frage, wie ein hybridoptimierter Verbrennungsmotor gestaltet werden sollte, gefunden werden.

Literaturverzeichnis

[1] AILLOUD, C.; KEROMNES, A.; DELAPORTE, B.; SCHMITZ, G. et al.: Development and Validation of a Five Stroke Engine. In: SAE Technical Paper 2013-24-0095 (2013)

[2] AKIHISA, D.; SAWADA, D.: Research on Improving Thermal Efficiency through Variable Super-High Expansion Ratio Cycle. In: SAE Technical Paper 2010-01-0174 (2010)

[3] ALTEN, H.; ILLEN, M.; SCHMITZ, G.: Thermodynamische Untersuchung eines 4-Taktmotors mit Nachexpansion. 1999. – Forschungsbericht

[4] ATKINSON, J.: Gas Engine. Patentschrift US367496 A. 1887

[5] AUSTIN, W.: Variable-Stroke Internal-Combustion Engine. Patentschrift US 1278563 A. 1918

[6] BARBA, C.; BURKHARDT, C.; BOULOUCHOS, K.; BARGENDE, M.: Empirisches Modell zur Vorausberechnung des Brennverlaufes bei Common-Rail-Dieselmotoren. In: Motortechnische Zeitschrift (1999)

[7] BARGENDE, M.: Verfahren zum Herstellen eines Oberflächenthermoelements. Patentschrift DE 3411332 A1. 1985. – Daimler-Benz AG

[8] BARGENDE, M.: Ein Gleichungsansatz zur Berechnung der instationären Wandwärmeverluste im Hochdruckteil von Ottomotoren, TU Darmstadt, Dissertation, 1991

[9] BARGENDE, M.: Berechnung und Analyse innermotorischer Vorgänge, Vorlesungsmanuskript, Universität Stuttgart. 2013

[10] BARGENDE, M.: Zukunft der Motorprozessrechnung und 1D-Simulation. In: Motortechnische Zeitschrift (2014)

[11] BAUER, M.; WURMS, R.; BUDACK, R.; WENSING, M.: Potenziale von Ottomotoren mit einem zusätzlichen Expansionszylinder. In: 5. MTZ Fachtagung Ladungswechsel im Verbrennungsmotor (2012)

M. Langwiesner, *Konzepte für bestpunktoptimierte Verbrennungsmotoren innerhalb von Hybridantriebssträngen*, Wissenschaftliche Reihe Fahrzeugtechnik Universität Stuttgart, https://doi.org/10.1007/978-3-658-22893-4

[12] BOSSUNG, C.: Turbulenzmodellierung für quasidimensionale Arbeitsprozessrechnung: FVV-Vorhaben Nr. 1067 / Forschungsvereinigung Verbrennungskraftmaschinen. 2014. – Forschungsbericht

[13] BOSSUNG, C.: Turbulenzmodellierung für quasidimensionale Motorprozessrechnung, Universität Stuttgart, Dissertation, 2017

[14] BRENDEL, M.: Brennkraftmaschine mit verlängertem Expansionshub und Momentenausgleich. Patentschrift DE102010027351 B4. 2013. – Audi AG

[15] BUDACK, R.; WURMS, R.; MENDL, G.; HEIDUK, T.: Der neue 2,0-l-R4-TFSI-Motor von Audi. In: Motortechnische Zeitschrift (2016)

[16] CHANG, J.; GÜRALP, O.; FILIPI, Z.; ASSANIS, D.: New Heat Transfer Correlation for an HCCI Engine Derived from Mesaurements of Instantaneous Surface Heat Flux. In: SAE Technical Paper 2004-01-2996 (2004)

[17] CSALLNER, P.: Eine Methode zur Vorausberechnung der Änderung des Brennverlustes von Ottomotoren bei geänderten Betriebsbedingungen, Technische Universität München, Dissertation, 1981

[18] DEJAEGHER, P.: Einfluss der Stoffeigenschaften der Verbrennungsgase auf die Motorprozessrechnung, Technische Universität Graz, Dissertation, 1984

[19] EBNER, H.; JASCHEK, A.: Die Blow-by-Messung - Anforderungen und Meßprinzipien. In: Motortechnische Zeitschrift (1998)

[20] EICHELBERG, G.: Temperaturverlauf und Wärmespannungen in Verbrennungsmotoren, ETH Zürich, Dissertation, 1922

[21] EICHLER, F.; DEMMELBAUER-EBNER. W; THEOBALD, J.: Der neue EA211 TSI evo von Volkswagen. In: 37. Internationales Wiener Motorensymposium (2016)

[22] EILTS, P.: Das Miller- und das Atkinsonverfahren an Verbrennungsmotoren. In: 7. MTZ Fachtagung Ladungswechsel im Verbrennungsmotor (2014)

[23] EMMRICH, T.: Beitrag zur Ermittlung der Wärmeübergänge in Brennräumen von Verbrennungsmotoren mit homogener und teilhomogener Energieumsetzung, Universität Stuttgart, Dissertation, 2010

[24] FANDAKOV, A.: Investigation of thermodynamic and chemical influences on knock for the working process calculation. In: 17. Internationales Stuttgarter Symposium, Springer Fachmedien Wiesbaden, 2017

[25] FICK, M.: Modellbasierter Entwurf virtueller Sensoren zur Regelung von PKW-Dieselmotoren, Universität Stuttgart, Dissertation, 2012

[26] FISCHER, G: Reibmitteldruck - Ottomotor: FVV-Vorhaben Nr. 629 / Forschungsvereinigung Verbrennungskraftmaschinen. 1999. – Forschungsbericht

[27] FRANZKE, D.: Beitrag zur Ermittlung eines Klopfkriteriums der ottomotorischen Verbrennung und zur Vorausberechnung der Klopfgrenze, Technische Universität München, Dissertation, 1981

[28] GAMMA TECHNOLOGIES: GT-Power Engine Simulation Software. https://www.gtisoft.com/gt-suite-applications/propulsion-systems/gt-power-engine-simulation-software. 2017

[29] GLAHN, C.; KLUIN, M.; HERMANN, I.; KÖNIGSTEIN, A.: Anforderungen an das Aufladesystem zukünftiger Ottomotoren. In: Motortechnische Zeitschrift (2017)

[30] GOLLOCH, R.: Downsizing bei Verbrennungsmotoren: Senkung des Kraftstoffverbrauchs und Steigerung des Wirkungsgrads. 1. Auflage. Springer-Verlag, 2005

[31] GÖRKE, D.: Untersuchungen zur kraftstoffoptimalen Betriebsweise von Parallelhybridfahrzeugen und darauf basierende Auslegung regelbasierter Betriebsstrategien. Springer Vieweg, 2016

[32] GOTO, T.; ISOBE, R.; YAMAKAWA, M.; NISHIDA, M.: Der neue Ottomotor Skyactiv-G von Mazda. In: Motortechnische Zeitschrift (2011)

[33] GRILL, M.: Objektorientierte Prozessrechnung von Verbrennungsmotoren, Universität Stuttgart, Dissertation, 2006

[34] GRILL, M.: Entwicklung eines allgemeingültigen, thermodynamischen Zylindermoduls für alle bekannten Brennverfahren. FVV-Vorhaben Nr. 869 / Forschungsvereinigung Verbrennungskraftmaschinen. 2008. – Forschungsbericht

[35] GRILL, M.; BILLINGER, T.; BARGENDE, M.: Quasi-Dimensional Modeling of Spark Ignition Engine Combustion with Variable Valve Train. In: SAE Technical Paper 2006-01-1107 (2006)

[36] GRILL, M.; CHIODI, M.; BERNER, H-J.; BARGENDE, M.: Berechnung der thermodynamischen Stoffwerte von Rauchgas und Kraftstoffdampf beliebiger Kraftstoffe. In: Motortechnische Zeitschrift (2007)

[37] GUZZELLA, L.; SCIARRETTA, A.: Vehicle propulsion systems: Introduction to modeling and optimization. 3. Auflage. Springer-Verlag, 2013

[38] HAAG, J.: Mechanische und thermodynamische Eigenschaften eines Kolbens aus Feinkornkohlenstoff im 4-Ventil-Ottomotor. Expert-Verlag, 1999

[39] HEINLE, M.: Erstellung und Verifikation eines modifizierten Verbrennungsterms für eine Wandwärmeübergangsgleichung zur Besseren Vorhersage der instationären Wandwärmeverluste von Motoren mit homogener Kompressionszündung (HCCI): FVV-Vorhaben Nr. 944 / Forschungsvereinigung Verbrennungskraftmaschinen. 2011. – Forschungsbericht

[40] HEINLE, M.: Ein verbesserter Berechnungsansatz zur Bestimmung der instationären Wandwärmeverluste in Verbrennungsmotoren. Expert-Verlag, 2013

[41] HEINLE, M.; BARGENDE, M; BERNER, H.-J.: Some Useful Additions to Calculate the Wall Heat Losses in Real Cycle Simulations. In: SAE Technical Paper 2012-01-0673 (2012)

[42] HEYWOOD, J. B.: Internal Combustion Engines Fundamentals. Mcgraw-Hill, Inc., 1988

[43] HIRAYA, K. et al.: Variable expansion-ratio engine. Patentschrift US7334547 B2. 2008. – Nissan Motor Co., Ltd.

[44] HOFMANN, P.: Hybridfahrzeuge. 2. Auflage. Springer, 2014

[45] HOHENBERG, G.: Experimentelle Erfassung der Wandwärme von Kolbenmotoren, TU Graz, Dissertation, 1980

[46] HONDA MOTOR CO., Ltd.: Performing more work with less fuel - EX-link. http://world.honda.com/powerproducts-technology/exlink/. 2016

[47] HUEGEL, P.; KUBACH, H.; KOCH, T.; VELJI, A.: Investigations on the Heat Transfer in a Single Cylinder Research SI Engine with Gasoline Direct Injection. In: SAE Technical Paper 2015-01-0782 (2015)

[48] HUSS, M.: Übertragung von Motoreigenschaften mit Hilfe charakteristischer Skalierfunktionen zur Simulation verschiedener Varianten von Ottomotoren, Technische Universität München, Dissertation, 2013

[49] HWANG, I.; LEE, H.; PARK, H.: Hyundai-Kia's hoch innovativer 1.6L DI Ottomotor für Hybridfahrzeug. In: 37. Internationales Wiener Motorensymposium 2016

[50] ILMOR ENGINEERING LTD 2015: 5-Stroke Concept Engine Design and Development. http://www.ilmor.co.uk/capabilities/5-stroke-engine. 2017

[51] JUSTI, E.: Spezifische Wärme Enthalpie, Entropie und Dissoziation technischer Gase. Springer Berlin Heidelberg, 1938

[52] JUSZCZAK, P.: Auslegung und Analyse eines aufgeladenen Ottomotors mit Miller-Strategie mittels 0D-/1D-Simulation. Im Rahmen dieser Dissertation betreute Masterarbeit, Karlsruher Institut für Technologie. 2017

[53] KAWAMOTO, N.; NAIKI, K.; KAWAI, T.; SHIKIDA, T. et al.: Development of New 1.8-Liter Engine for Hybrid Vehicles. In: SAE Technical Paper 2009-01-1061 (2009)

[54] KOEHLER, I.; BLEI, I.; BRODA, A.; EILTS, P.: Theoretische Betrachtung und Bewertung von Ladungswechselkenngrößen aktueller und zukünftiger Variabilitäten. In: 4. MTZ-Tagung Ladungswechsel im Verbrennungsmotor, 2011

[55] KOGA, H.; WATANABE, S.: Research on Extended Expansion General-Purpose Engine - Heat Release and Friction. In: SAE Technical Paper 2007-32-003 (2007)

[56] KONO, S.; KOGA, H.; WATANABE, S.: Research on Extended Expansion General-Purpose Engine - Efficiency Enhancement by Natural Gas Operation. In: SAE Technical Paper 2010-32-0007 (2010)

[57] KOŽUCH, P.: Ein phänomenologisches Modell zur kombinierten Stickoxid- und Rußberechnung bei direkteinspritzenden Dieselmotoren, Universität Stuttgart, Dissertation, 2004

[58] LANGWIESNER, M.: Thermodynamische Untersuchung eines Extended Expansion Ottomotors. Masterarbeit, Universität Stuttgart. 2014

[59] LANGWIESNER, M.; KRÜGER, C.; DONATH, S.; BARGENDE, M.: Wall Heat Transfer in a Multi-Link Extended Expansion SI-Engine. In: SAE Technical Paper 2017-24-0016 (2017)

[60] LEMMKE, T.: Entwicklung einer Methodik zur Untersuchung des Einflusses von Betriebsstrategien auf die Konzeptfindung hybrider Antriebsstränge. Im Rahmen dieser Dissertation betreute Masterarbeit, Universität Stuttgart. 2016

[61] LIST, H.: Grundlagen und Technologien des Ottomotors. Springer-Verlag, 2008

[62] LURIA, D.; TAITEL, Y.; STOTTER, A.: The Otto-Atkinson Engine - A New Concept in Automotive Economy. In: SAE International Congress and Exposition, SAE International, 1982

[63] MELIN, A.; KITTELSON, D.; NORTHROP, W.: Parametric 1-D Modeling Study of a 5-Stroke Spark-Ignition Engine Concept for Increasing Engine Thermal Efficiency. In: SAE Technical Paper 2015-01-1752 (2015)

[64] MERDES, N.; PÄTZOLD, R.; RAMSPERGER, N.; LEHMANN, H.-G.: Die neuen R4-Ottomotoren M270 mit Turboaufladung. In: ATZextra (2012)

[65] MERKER, G.; SCHWARZ, C.: Technische Verbrennung. Teubner, 2001

[66] MERKER, G.; SCHWARZ, C.; TEICHMANN, R.: Grundlagen der Verbrennungsmotoren. 6. Auflage. Vieweg+Teubner, 2012

[67] MILLER, R.: High expansion, spark ignited, gas burning, internal combustion engines. Patentschrift US 2773490 A. 1956

[68] MÜRWALD, M.; KEMMLER, R.; WALTNER, A.; KREITMANN, F.: Die neuen Vierzylinder-Ottomotoren von Mercedes-Benz. In: Motortechnische Zeitschrift (2013)

[69] NELSON, C.: Variable stroke engine. Patentschrift US 4517931 A. 1985

[70] NOGA, M.; SENDYKA, B.: New Design Of The Five-Stroke SI Engine. In: Journal of KONES. Powertrain and Transport (2013)

[71] NOGA, M.; SENDYKA, B.: Determination of the theorethical and total efficiency of the five-stroke SI engine. In: International Journal of Automotive Technology (2014)

[72] NUSSELT, W.: Der Wärmeübergang im Rohr. In: VDI 61 (1917)

[73] PACH, F.: Auslegung und Analyse eines aufgeladenen Ottomotors mit Expansionszylinder mittels 0D-/1D-Simulation. Im Rahmen dieser Dissertation betreute Masterarbeit, RWTH Aachen. 2017

[74] PERTL, P.: Engine Development of an Extended Expansion Engine - Expansion to Higher Efficiency. Graz, TU Graz, Dissertation, 2016

[75] PERTL, P.; TRATTNER, A.; ABIS, A.; SCHMIDT, S. et al.: Expansion to Higher Efficiency - Investigations of the Atkinson Cycle in Small Combustion Engines. In: SAE Technical Paper 2012-32-0059 (2012)

[76] PERTL, P.; TRATTNER, A.; LANG, M.; STELZ, S. et al.: Experimentelle Untersuchungen eines Ottomotors mit erweiterter Expansion über den Kurbeltrieb und die bedeutende Rolle der variablen Ventilsteuerung. In: 7. MTZ Fachtagung Ladungswechsel im Verbrennungsmotor, 2014

[77] PERTL, P.; TRATTNER, A.; STELZ, S.; LANG, M. et al.: Expansion to Higher Efficiency – Experimental Investigations of the Atkinson Cycle in Small Combustion Engines. In: SAE Technical Paper 2015-32-0809 (2015)

[78] PISCHINGER, R.; KELL, M.; SAMS, T.: Thermodynamik der Verbrennungskraftmaschine. Springer-Verlag, 2009

[79] PISCHINGER, S.: Verbrennungskraftmaschinen I. Vorlesungsumdruck, RWTH Aachen. 2013

[80] PUCHER, H.; ZINNER, K.: Aufladung von Verbrennungsmotoren. 4. Auflage. Springer Vieweg, 2012

[81] RATH, H.: Bewertung und Vergleich von bestpunktoptimierten Verbrennungsmotoren für Hybridantriebsstränge. Im Rahmen dieser Dissertation betreute Masterarbeit, Universität Stuttgart. 2017

[82] REIF, K.: Konventioneller Antriebsstrang und Hybridantriebe. Vieweg+Teubner, 2010

[83] REIF, K.: Automobilelektronik. Vieweg+Teubner, 2012

[84] REIF, K.: Abgastechnik für Verbrennungsmotoren. Springer Vieweg, 2015

[85] REIF, K.; NOREIKAT, K.-E.; BORGEEST, K.: Kraftfahrzeug-Hybridantriebe: Grundlagen, Komponenten, Systeme, Anwendungen. Vieweg+Teubner, 2012

[86] REIPERT, P.; MIROLD, A.; POLEJ, A.: Verfahren zur Bestimmung der gasseitigen Oberflächentemperaturen und Wärmeströme in Verbrennungsmotoren. In: 5. Dresdner Motorenkolloquium Zukünftige Brennverfahren für Dieselmotoren (2003)

[87] RETHER, D.; GRILL, M.: FkfsUserCylinder, Bedienungsanleitung zur GT-Power-Erweiterung. Forschungsinstitut für Kraftfahrwesen und Fahrzeugmotoren Stuttgart. 2015

[88] SALBER, W; KEMPER, H.; VAN DER STAAY, F.; ESCH, T.: Der elektromechanische Ventiltrieb - Systembaustein für zukünftige Antriebskonzepte Teil 2. In: Motortechnische Zeitschrift (2001)

[89] SCHÄFER, D.: Entwicklung eines Kurbeltriebs zur Realisierung eines vergrößerten Expansionshubs beim Verbrennungsmotor. Im Rahmen dieser Dissertation betreute Masterarbeit, Technische Hochschule Mittelhessen. 2016

[90] SCHEIDT, M.; BRANDS, C.; LANG, M.; KRATZSCH, M. et al.: Kombinierte Miller- / Atkinson-Strategie für zukünftige Downsizing-Konzepte. In: Internationaler Motorenkongress, Springer Vieweg, 2014

[91] SCHINKE, H.; KRECKEL, U.; ORSCHEL, B.; OTT, M.: Ergonomie und Ökonomie in schnittiger Verpackung. In: ATZextra (2012)

[92] SCHMID, A.; GRILL, M.; BERNER, H-J.; BARGENDE, M.: Ein neuer Ansatz zur Vorhersage des ottomotorischen Klopfens. In: 3. Tagung ottomotorisches Klopfen, 2010

[93] SCHMITZ, G.: Five-Stroke Internal Combustion Engine. Patentschrift US 6553977 B2. 2003

[94] SCHREINER, K.: Basiswissen Verbrennungsmotor. Springer Vieweg, 2015

[95] SCHUTTING, E.; DUMBÖCK, O.; EICHLSEDER, H.; HÜBNER, W. et al.: Herausforderungen und Lösungsansätze bei der Diagnostik eines Ottomotors mit verlängerter Expansion. In: 11. Internationales Symposium für Verbrennungsdiagnostik, 2014

[96] SCHUTTING, E.; DUMBÖCK, O.; KRAXNER, T.; EICHLSEDER, H.: Thermodynamic consideration of the Miller cycle on the basis of simulation and measurements. In: Internationaler Motorenkongress, Springer Vieweg, 2016

[97] SCHUTTING, E.; NEUREITER, A.; FUCHS, C.; SCHATZBERGER, T. et al.: Miller- und Atkinson-Zyklus am aufgeladenen Dieselmotor. In: Motortechnische Zeitschrift (2007)

[98] SHELBY, M.; STEIN, R.; WARREN, C.: A New Analysis Method for Accurate Accounting of IC Engine Pumping Work and Indicated Work. In: SAE Technical Paper 2004-01-1262 (2004)

[99] SIEBENPFEIFFER, W.: Energieeffiziente Antriebstechnologien. Springer Vieweg, 2013

[100] SIEGERT, R.; KÜSTER, F.; NEBEL, M.; WÄSCHLE, A. et al.: CO2-Reduktion Innovation durch intelligentes Energiemanagement. In: ATZ-extra (2009)

[101] SKARKE, P.: Simulationsgestützter Funktionsentwicklungsprozess zur Regelung der homogenisierten Dieselverbrennung. Springer Vieweg, 2017

[102] STUART, K.; YAN, T.; MATHIAS, J.: Thermodynamic Analysis of a Five-Stroke Engine with Heat Transfer and Mass Loss. In: SAE Technical Paper 2017-01-0633

[103] TABACZYNSKI, R.; TRINKER, F.; SHANNON, B.: Further refinement and validation of a turbulent flame propagation model for spark-ignition engines. In: Combustion and Flame (1980)

[104] TAKAHASHI, D.; NAKATA, K.; YOSHIHARA, Y.; OHTA, Y. et al.: Combustion Development to Achieve Engine Thermal Efficiency of 40% for Hybrid Vehicles. In: SAE Technical Paper 2015-01-1254 (2015)

[105] TAKITA, Y.; KONO, S.; NAOI, A.: Study of Methods to Enhance Energy Utilization Efficiency of Micro Combined Heat and Power Generation Unit-Equipped with an Extended Expansion Linkage Engine and Reduction of Waste Energy. In: SAE Technical Paper 2011-32-0574 (2011)

[106] TIPPELMANN, G.: A New Method of Investigation of Swirl Ports. In: SAE Technical Paper 770404 (1977)

[107] TRATTNER, A.; PERTL, P.; SATO, T. et al.: Die bedeutende Rolle des variablen Ventiltriebes bei einem Motorkonzept mit erweiterter Expansion über den Kurbeltrieb. In: 5. MTZ-Fachtagung Ladungswechsel im Verbrennungsmotor, 2012

[108] TSCHÖKE, H.: Die Elektrifizierung des Antriebsstrangs. Springer Vieweg, 2015

[109] UNGER, H.; SCHWARZ, C.; SCHNEIDER, J.; KOCH, K.-F.: Die Valvetronic. In: Motortechnische Zeitschrift (2008)

[110] URLAUB, A.: Verbrennungsmotoren: Grundlagen, Verfahrenstheorie, Konstruktion. 2. Auflage. Springer-Verlag, 1995

[111] VAN BASSHUYSEN, R.; SCHÄFER, F.: Handbuch Verbrennungsmotor. 8. Auflage. Springer Vieweg, 2017

[112] VIBE, I.: Brennverlauf und Kreisprozess von Verbrennungsmotoren. VEB Verlag, 1970

[113] WARNATZ, J.; MAAS, U.; DIBBLE, R.: Verbrennung. 3. Auflage. Springer-Verlag, 2001

[114] WATANABE, S.; KOGA, H.; KONO, S.: Research on Extended Expansion General-Purpose Engine: Theoretical Analysis of Multiple Linkage System and Improvement of Thermal Efficiency. In: SAE Technical Paper 2006-32-0101 (2006)

[115] WEBERBAUER, F.; RAUSCHER, M.; KULZER, A.; BARGENDE, M. et al.: Allgemein gültige Verlustteilung für neue Brennverfahren. In: Motortechnische Zeitschrift (2005)

[116] WITT, A.: Analyse der thermodynamischen Verluste eines Ottomotors unter den Randbedingungen variabler Steuerzeiten, TU Graz, Dissertation, 1999

[117] WORRET, R.; SPICHER, U.: Entwicklung eines Kriteriums zur Vorausberechnung der Klopfgrenze: FVV-Vorhaben Nr. 700 / Forschungsvereinigung Verbrennungskraftmaschinen. 2002. – Forschungsbericht

[118] WOSCHNI, G.: Beitrag zum Problem des Wandwärmeüberganges im Verbrennungsmotor. In: Motortechnische Zeitschrift (1965)

[119] WURMS, R.; BUDACK, R.; GRIGO, M.: Der neue Audi 2.0l Motor mit innovativem Rightsizing - ein weiterer Meilenstein der TFSI-Technologie. In: 36. Internationales Wiener Motorensymposium (2015)

[120] ZACHARIAS, F.: Analytische Darstellung der thermodynamischen Eigenschaften von Verbrennungsgasen, Technische Universität Berlin, Dissertation, 1966

Anhang

A.1 Anhang 1

Ventilhubkurven beim Miller-Verfahren

Nachfolgend soll der Einfluss der Ventil-Schließt-Zeit, welche beim Miller-Verfahren durch die Ventilöffnungsdauer charakterisiert wird, untersucht werden. Durch die Anwendung der verschiedenen Ventilhubkurven (siehe Abbildung A1.1) wird das effektive Verdichtungsverhältnis und somit das Miller-Verhältnis variiert.

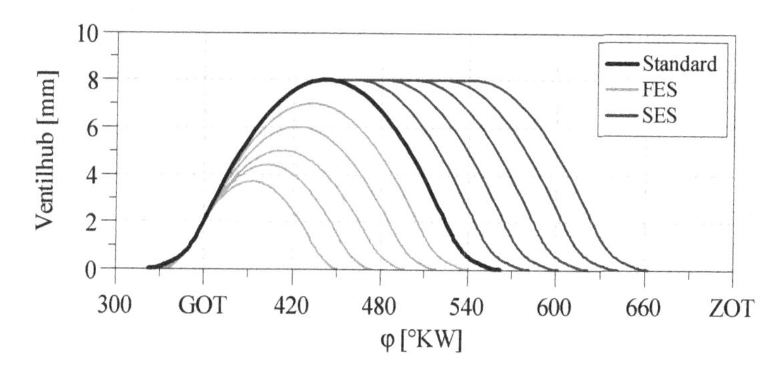

Abbildung A1.1: Ventilhubkurven für das Miller-Verfahren

Bestimmung des effektiven Verdichtungsverhältnisses beim Miller-Verfahren

Zur Bestimmung des effektiven Verdichtungsverhältnisses wird das in Kapitel 4.5.3 beschriebene Verfahren angewendet und mit den Werten verglichen, die sich über das effektive Volumen bei ES (2 mm) ergeben. Die Auswertung wird anhand einer Simulation des geschleppten Motorbetriebs durchgeführt und ist in Abbildung A1.2 aufgetragen. Das effektive Verdichtungsverhältnis von 10.5 wird bei einer FES-Ventilöffnungsdauer von 105 °KW erreicht. Für SES-Steuerzeiten wird das effektive Verdichtungsverhältnis theoretisch bei einer Ventilöffnungsdauer von 255 °KW erreicht, dieser Wert kann durch das Luftmassenverfahren jedoch nicht bestätigt werden. Im Folgenden wird daher ausschließlich das Miller-Verfahren mit FES-Steuerzeiten betrachtet.

M. Langwiesner, *Konzepte für bestpunktoptimierte Verbrennungsmotoren innerhalb von Hybridantriebssträngen*, Wissenschaftliche Reihe Fahrzeugtechnik Universität Stuttgart, https://doi.org/10.1007/978-3-658-22893-4

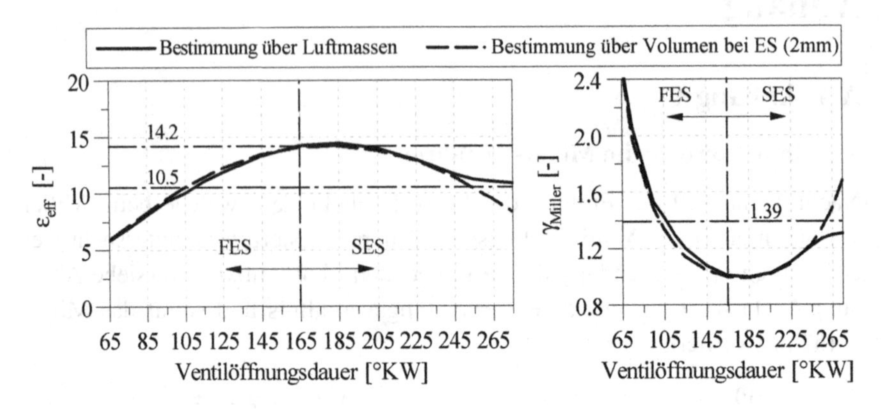

Abbildung A1.2: Variation des Miller-Verhältnisses im Schleppbetrieb, $n = 2000\ \text{min}^{-1}$, AS = 0 °KW, EÖ = 0 °KW

A.2 Anhang 2

Weitere Simulationsergebnisse des 5-Takt-Konzepts

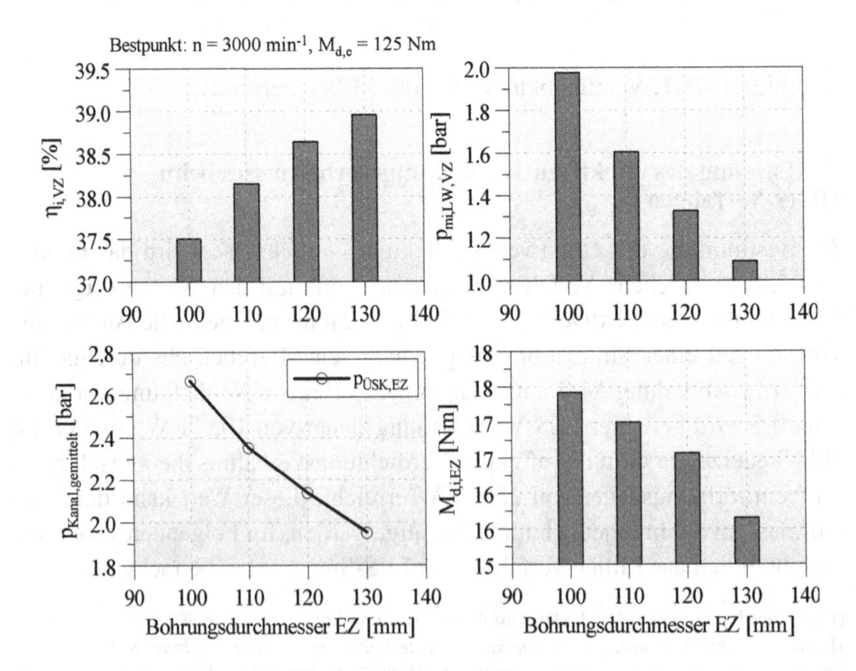

Abbildung A2.1: Trade-Off aus $M_{d,i,EZ}$ und $p_{mi,LW}$

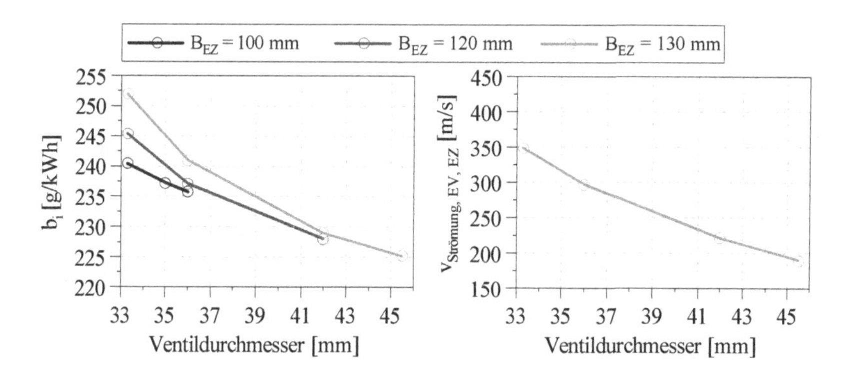

Abbildung A2.2: Einfluss des Ventildurchmessers auf b_i bei Nennleistung

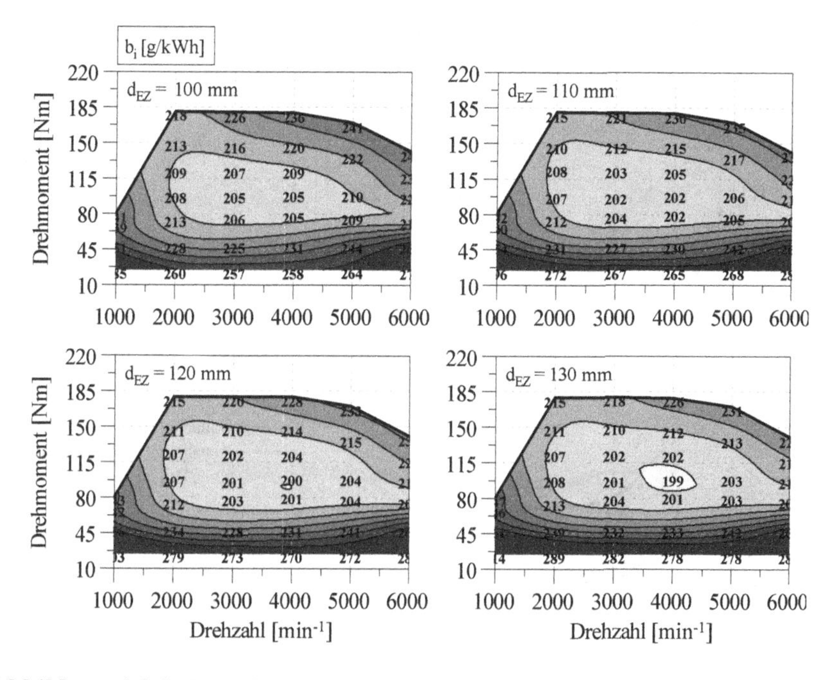

Abbildung A2.3: Kennfelder für unterschiedliche Bohrungsdurchmesser

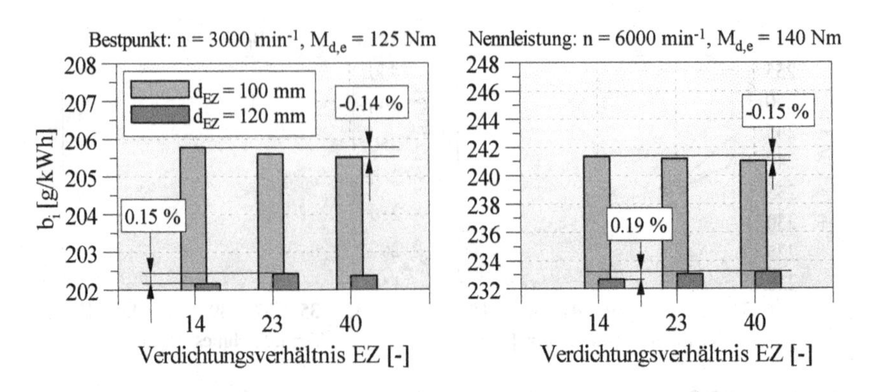

Abbildung A2.4: Einfluss des Totvolumens des Expansionszylinders

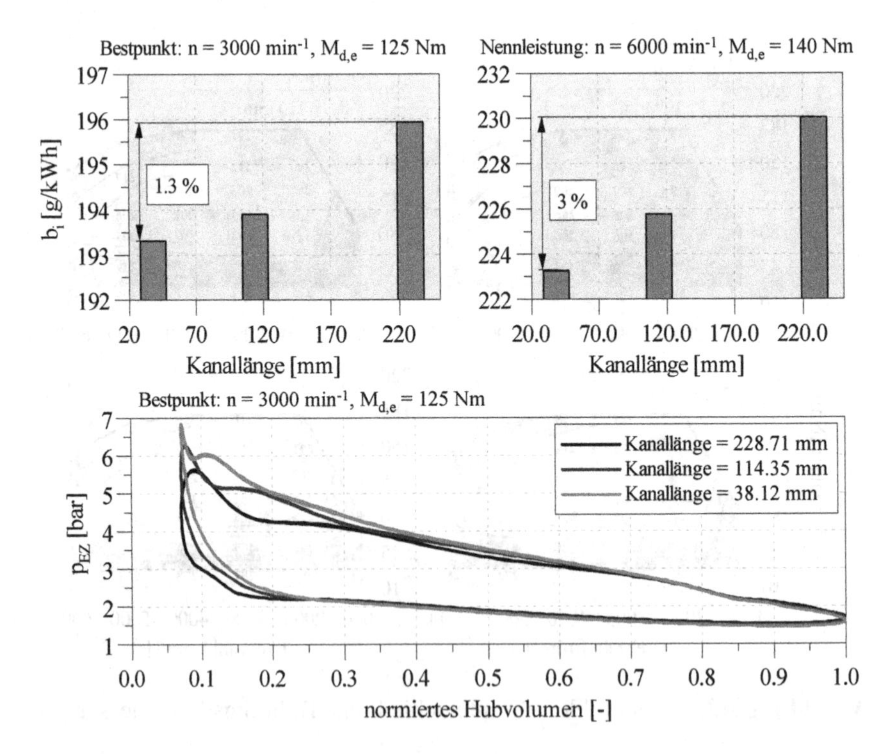

Abbildung A2.5: Variation der Überströmkanallänge

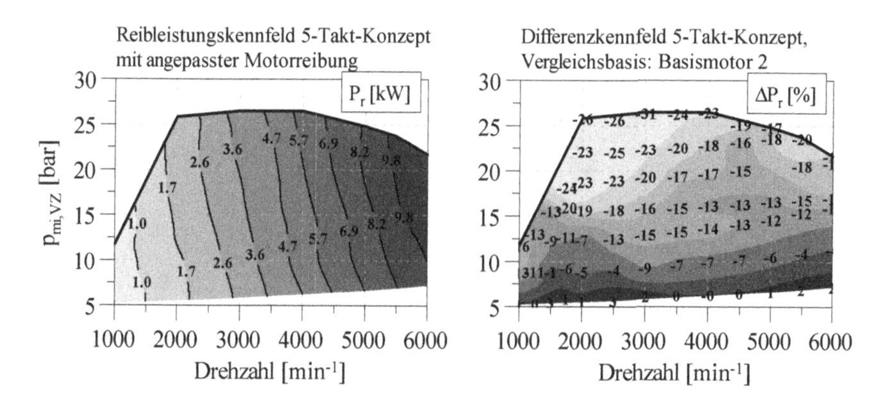

Abbildung A2.6: Reibleistungs- und Differenzkennfeld des 5-Takt-Konzepts

A.3 Anhang 3

Wandwärmeübergang Miller-Konzept vs. Basismotor

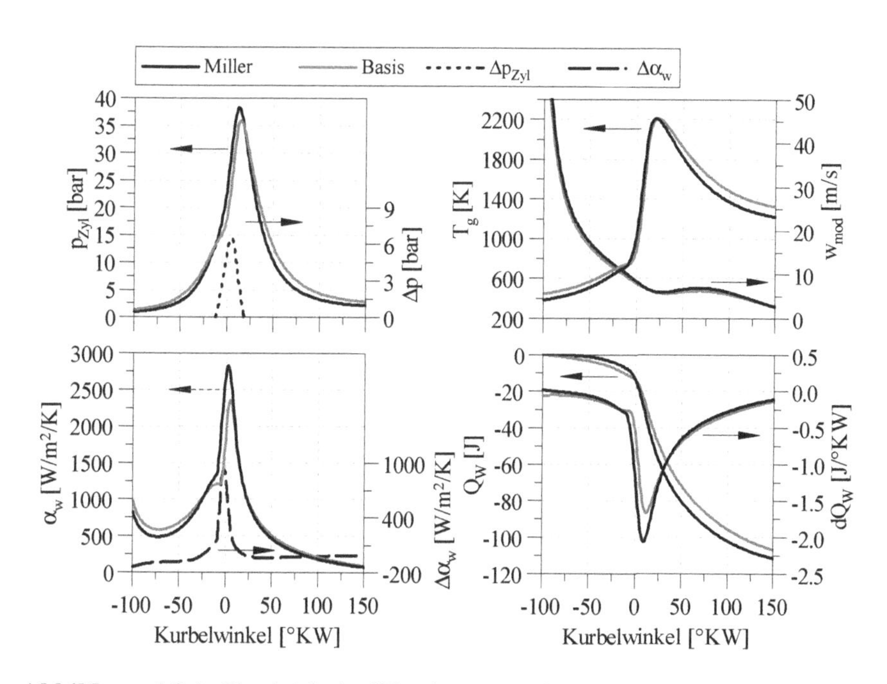

Abbildung A3.1: Vergleich der Wandwärmeverluste,
$n = 2500 \text{ min}^{-1}$, $M_{d,e} = 60$ Nm, H50 = 8 °KW